大是文化

數位肢體語言讀心術

當「字面意思」變成「我不是那個意思」……
你必須讀懂螢幕圖文、數位語言背後的真實意思。

獲選世界前三十大管理專業人士
艾芮卡・達旺（Erica Dhawan）——著
李宛蓉——譯

Digital Body Language

致琪瑪雅（Kimaya）與羅漢（Rohan），你們鼓勵我永保好奇心。
致拉赫爾（Rahul），你始終如一的相信我。

第一部 當「字面意思」變成「我不是那個意思」

CONTENTS

第3章 標點和表情符號，一個訊號經常各自表述 091

CONTENTS

第二部 數位肢體語言讀心術

CONTENTS

推薦序一

光是一句「這是什麼意思？」，也有多種解讀

溝通表達培訓師／張忘形

我是個溝通與表達的培訓師，首先，我想請你想像以下情境：

你正在向同事說明工作內容，並且分享了這個專案要執行的事情與細節。你發現同事雙眼直視著你，並且頻頻點頭，最後還跟你比出一個OK的手勢——這時候的你，覺得他有把你想表達的聽進去嗎？我想除非那個同事超「雷」，不然你應該覺得對方有聽進去吧？

但換個方式，你在通訊軟體上向你的同事交辦同樣的工作內容，當你分享了好幾段文字後，他只回了個OK的貼圖——這時候的你，會不會覺得他很可能沒有把這些內容看完呢？但也許，你的同事很認真的把內容都看完了，只是他習慣用貼圖來回應。

為什麼明明是差不多的溝通情境，卻可能有不同的感受呢？

我想，這就是本書在談的「數位肢體語言」。老實說我一開始看到書名，也不太明白

數位肢體語言的含意；但如果我們拆開來解釋，就是**使用數位溝通工具時，也能夠傳達你的肢體語言、甚至是語氣**，我想就比較好明白了。

前陣子常聽人說：「疫情加速了數位轉型。」有趣的是，雖然很多工作都數位化了，但我覺得溝通是轉型中最困難的事，因為數位溝通和面對面溝通，事實上有很多相異之處——面對數位溝通時，**我們其實不是在說話，而是用文字溝通，因此沒有語氣；更重要的是，我們也沒辦法使用表情，無法傳遞肢體動作**。而這樣的誤會，如果出現在公事上，很可能會引發我們很多小劇場。

舉例來說，有一次另一位老師傳了篇文章到群組，我看到時不是很懂，就回了：「這篇是什麼意思？」然而對方卻說：「我只是想分享而已，打擾到很抱歉。」我重新看了一次訊息，忽然意識到問題所在，馬上改口：「真的很抱歉，我是看完之後沒有很明白，所以想問說這篇文章在講的是什麼意思。」

於此對話，我很顯然沒考慮到書中說的：「與對方的信任關係」。一旦信任程度不夠高，溝通雙方就可能會因為不夠熟悉，誤解彼此的意思。而這次經驗，也常被我拿來當成是網路對話時要小心的自嘲案例。

反過來說，如果我們能夠掌握數位肢體語言，就能用合適的方式傳遞我們的心意。

舉個例子，某天你問朋友要不要去某一間店吃東西，面對以下這幾種回應方式，你覺得他的意願如何？

1. 好。
2. 好啊！
3. 好啊好啊～
4. 好啊好啊！！！

你大概會發現，雖然都是好，但這些回應給你的感受卻大不相同。要是對方只回應：「好。」你可能會有點失落；如果他回應的是：「好啊好啊！！！」我想你就算隔著螢幕，也能感受到對方的雀躍。

如果你想知道，要怎麼在數位溝通中，將自己的情緒與肢體語言，轉化為對方能感受的模樣；又或是你跟我以前一樣，常常不知道為什麼自己打完某些字後，對方就忽然不回了，甚至在文字溝通時產生誤會，那麼很推薦這本《數位肢體語言讀心術》，能夠讓你看懂溝通模式，並做出令雙方都感到舒服的回應！

推薦序二

一場疫情，造成許多產業巨變，我們又該如何應變？

企業講師、口語表達專家／王東明

還記得 Covid-19 疫情爆發時，連我的講師工作都面臨不知該怎麼應變的狀況，進行的專案不是先暫停，就是乾脆取消。平常在工作上，即使遇到突發狀況，我也很淡定；但看到這次疫情如此嚴重，讓我一反常態的有點緊張，幸好後來調整心態，想著不如藉由這個機會，把以往的實體教育訓練，轉換成網路數位線上直播。

我有著一年的線上課程累積而來的養分，加上參與過幾次國際會議的經驗，是不是馬上就熟悉數位模式了？不，事情並沒有這麼單純！除了課程內容需要轉換成「數位線上版本」，還要熟悉各項網路視訊平臺的功能與運課技巧，其中特別讓我頭疼的，就是掌握各地學員上課的反應、網路的時間差，還有等待學員的回應，以及判讀學員畫面中的表情與動作，甚至在課程Q&A互動時間，也會有同時說話再互相禮讓的情況，讓線上另一端的各個學員、主管、講師都有點尷尬。

記得某年年初有個專案，執行上分成臺灣實體課程和海外同仁課程，公司希望全體主管都能提升「說簡報」的能力，讓大家在會議或者跟客戶提案時能更精準，也能把訂單簽回來。這次海外課程，授課地點在臺灣臺中公司的會議室，參與的有深圳、廣州、越南這三個廠區，上課的同仁則在各區的會議室，不僅地點不同，上課人數也不一樣，有的會議室只有三位同學，也有會議室的同學超過十五人……這下好啦，真的是在考驗自己。

對我來說，授課不難，難的是要跟大家交流、分組討論，光是透過畫面觀察大家的表情、肢體動作，加上網路的時間差，要判斷同仁們是否吸收、認同，或是有沒有疑問，就耗掉我很多心力；我還要持續用不同的方式，確認大家跟不跟得上，不論發生什麼問題，課程還是要進行下去。課後，學員的回饋雖然讓我跟幕後團隊頗有成就感，我卻覺得還可以更好、更進步。

新世代的工作方法不斷改變，透過此次疫情，不論企業還是個人、甚至學校教育，都不得不轉型。面對這麼多的數位平臺、影像、聲音與文字，若是沒有善用，反而會製造出更多問題，例如工作會議時間變長、變多，這樣一來，不但沒有更有效益，甚至浪費大家的工作時間。

我很喜歡本書作者提出的觀點：「永遠不要假設別人的數位習慣和你自己的相同。」就連面對面的溝通事情都會有誤會了，在數位平臺上更是如此。工作信件要怎麼發、怎麼寫，才不會造成對方誤會、觀感不佳？在LINE的工作群組發文，又有什麼該發、什麼不該發？該發的內容要怎麼寫，才能讓不同部門的同事看懂？還有，什麼時候發文才正確？以上問題，本書都有解答。

這本《數位肢體語言讀心術》不僅可以協助你在工作上，駕馭網路視訊會議、數位信件、各種通訊軟體，讓自己的形象加分之外，也能讓工作更有效益，相當值得拜讀！

導言

他不回我電話，卻在臉書按我讚，什麼意思？

每次有人問我，最初是怎樣進入現在這份事業？我都會告訴對方，一切起源於一個貫穿我一生的故事……。

我的父母是印度移民，我是在美國誕生的第一代移民子女，從而接觸到英語。我在匹茲堡市（Pittsburgh）郊外的一個中產階級社區長大，父母都是醫生——他們二十幾歲時移民美國，嘴裡講的是旁遮普語（Punjabi，與印度官方語言印地語相近）。我父母非常重視灌輸我們三個孩子傳統印度價值觀與風俗；緘默代表尊敬長輩，傾聽則是美德。我們的優先要務是學好英語、學業成績出色，其他事都排在後面。

我在美國這個保守的白人城郊地區長大，童年期間花費很多心思融入當地。那裡絕大多數女孩的長相和我大相逕庭，她們既非移民家庭出身，也不會每天晚上九點才坐下來吃晚飯（印度家庭大多吃得晚）。我對印度沒有什麼特別的情感，每次去印度探親，當地的親戚都稱我「那個在美國出生的表妹」，不然在印度，誰會取「艾芮卡」這種名字？

如此身處兩個文化之間的夾縫中，使得我不太敢展現自己。別人很少察覺我的存在。我在學校裡表現得羞怯、安靜，更像個旁觀者，而不是參與者，根本無法想像自己在課堂上舉手發言，更不可能讓自己招來任何注意。我在學校的成績很好，可是從幼兒園到十二年級（按：即高中三年級），每次拿到的成績單上，老師千篇一律寫著：但願艾芮卡能多多開口表達意見。

父母的英語帶著濃厚鄉音，而我這個女兒的印地語講得也很爛，夾在兩者間進退失據，找不到歸屬感。後來我慢慢想出幾個對策，其中之一就是培養解讀他人肢體語言的能力。

肢體語言提供我了解周遭這個迥異世界的關鍵，我著了魔似的解析同學的訊號與暗示，不論多麼隱晦都不放過，他們的音調、步態、停頓、手勢，都是我觀察的目標。人緣好的女生走路時昂首挺胸、肩膀後傾，幾乎在睥睨其他人的樣子。年紀較大的孩子參加學校集會活動時，總是一副委靡不振的頹廢模樣，這樣才能顯示對活動興趣缺缺，他們的視線要麼盯著地板，要麼看其他同學——反正絕對不會去看正在講話的大人。在家裡我會躲進自己的臥室，用我家那臺老舊錄影機看寶萊塢（Bollywood）電影，主要是看男演員的臉和手，而不是劇情（那時我還聽不懂印地語）。我一直倒帶重播，想要藉著觀察男演員釋放的非語文線索，搞懂他們在說什麼。

一旦專心致志翻譯非語文線索，這件事很快就變成力量的來源，因為我學會模仿那些比較有自信的同學所表現的肢體語言，當家人皺著眉頭對我說印地語時，我也猜得出他們在說什麼。

握起手來軟趴趴，足以給人壞印象

二〇〇一年九一一恐怖攻擊事件發生之後，美國境內和我長相雷同的人，幾乎都突然在公共場所裡，受到不分青紅皂白的懷疑。就在那段期間，某天下午我去當地基督教青年會（YMCA）練習網球，父親也去那裡等著接我。忽然，櫃檯有個人驚慌失措的打電話找警察來（我猜是因為我爸「看起來很可疑」）。接下來的四十五分鐘，我父親詳細回答警察的問題，彬彬有禮的解釋他是心臟科醫生，就在附近一家醫院上班。我盯著坐在桌子後方、耐心和警察說話的父親——只見他直視對方，手掌整個攤開，顯示他尊敬警察，也了解為何會發生這一切。從他脹紅的臉頰，我也能判斷父親心裡感到很尷尬。過了幾個月，我爸拿出當年度所得中相當大的一部分，捐獻給九一一事件的募款基金。

我記得自己那時候很氣警察，也很氣我爸，他怎麼能那麼客氣的應對？在我看來，警察的行為就是種族歸納（racial profiling，按：指執法機關在判斷某一類特定違法行為的嫌疑人身分時，將種族或族群特徵列入考慮範圍，進而可能加以懷疑某一族群的作案嫌疑）和無知。父親耐心詢問我們幾個孩子：「與其以氣憤、暴怒回應這種情況，考慮別人可能的想法與感受豈不是更好？如果我們設身處地，站在別人的立場去思考呢？」那一刻對我而言是個轉捩點，從那一天起，我開始更用心思考人們是如何透過肢體語言傳達同理心，這麼做又會達到什麼成效。

上大學之後，我對非語文溝通的興趣依然濃厚，並讀遍所有找得到的相關書籍。隨著我在這方面的專業知識越來越豐富，後來教導學生公開演講技巧時，這些知識便派上了用場。擁有了解、分類線索與訊號的能力，加上這項技能賦予我的沉著與自信，幫助我贏得實習機會，最後還通過無比激烈的競爭考驗，獲得了工作機會。儘管父親堅持印度裔美國人從商不可能成功，認為我應該從事醫學或工程類工作，畢竟傳統上印度人做這些行業都很成功，但我還是堅持下來了——而且看來是值得的。

全心鑽研肢體語言給了我信心，讓我在讀研究所時就敢去教領導方面的課程，後來還去哈佛大學和麻省理工學院擔任講師。這套知識激勵我在三十歲那年自己創業，本來只是一個嘗試看看的念頭，後來逐漸擴展成一家全球性公司。最初我根本不曉得自己在做什麼，沒有任何媒體經驗，沒有投資人，更沒有人脈；可是等我回過神來，發現自己已經做出了不少成績——我對非營利組織世界經濟論壇（World Economic Forum）的與會全球領袖演講過；被電視新聞節目《早安美國》（*Good Morning America*）的主持人羅賓・羅伯茨（Robin

Roberts）訪問過；多位企業執行長和高階主管找上門來，邀請我擔任會議主講人；我還教導過來自各行各業與眾多國家的成千上萬名領導人，傳授二十一世紀的合作技巧。

假如我聽起來像是在自吹自擂，那正如我所願！希望讀者已經看出來，我所認為的自身「專門知識」，最早來自羞怯的、卑微的源頭。其實講到性格孤僻、不肯在課堂上舉手表達意見、下了課一個人躲在黑漆漆的房間裡看寶萊塢電影，好處倒是不少，重點是我這輩子都相信一件事（很多人也這麼相信）：**同理心和信任的精髓不在於你「說些什麼」，而在於你「怎麼說」**，還有你多麼常檢討自己，以確保說出口的每個字句及其意義，都盡可能深思熟慮、清楚明白。研究別人和自己的肢體語言，教會了我許多事，不過實踐過程往往涉及嘗試與犯錯——以我的例子來說，主要是犯錯。

反省自身的經驗，不就是一次次的教訓嗎？姿態欠佳、握起手來像死魚一樣軟趴趴，在潛在雇主心中留下負面印象；有一位老師告訴我，我緊張時習慣捲弄自己的頭髮，一副沒有安全感的樣子；我發現某位教授發考卷或作業的時候，有時抿緊嘴唇，有時緊縮鼻翼，前者代表我的成績優異，後者表示我這次成績爛透了。還有，身為演講者，我從錯誤中學到了一件事：**演說成敗的關鍵在於能否憑直覺體察聽眾想要什麼，然後以此為根據，調整我所傳達的訊息。**

善意被解讀成憤怒——工作場所溝通不良

我跨入這一行不久後，有次面對一大群聽眾發表主題演講。那個場合是某家律師事務所舉辦的員工旅遊，演講當天是週末，也是那次出遊活動的第四天，難怪聽眾全都一副疲憊、暴躁、散漫、分心的模樣。有些人明顯帶著敵意，有些人癱坐在椅子上，頭歪到一邊，揚起目光盯著時鐘。此時此刻，大夥兒最不想聽的就是「合作有哪些優點」，他們的肢體語言幾乎是在懇求我：「拜託別再講一大套理論了。」

所以我索性轉了個彎。我脫下高跟鞋，在講臺邊緣坐了下來，把常用的開場白丟到一邊。我說：「來說說看各位現在感受的情緒吧。疲倦、緊張、無聊、期待、憤怒，說什麼都行。」會場氣氛頓時變了，就這麼簡單，我不再是對著觀眾說話，而是和他們一起聊天。大家鬆了一口氣，開始放鬆下來，面露微笑，甚至開口大笑。本來可能淪為一場災難的演講，轉而變成一個小時的互動，會場浮現真正的連結與活潑的討論。

接下來的幾年，我開始刻意研究聽眾的肢體語言，直到今天依然如此。**如果聽眾一臉茫然，意味著我講得太快了，需要放慢速度；如果聽眾盤起雙臂，代表抱持防禦心態或憎厭情緒。**至於我自己的肢體語言，我曉得過度比手勢或撥弄頭髮，都顯得缺乏信心。

這令我回想起好幾年前，陸續聽到一個又一個故事，它們的中心主旨都一樣：在工作場所裡溝通不良。

我說過，我在世界各地發表主題演講、為顧客提供諮詢、教導人們如何在工作上增進合作，過程中最常被問到：怎樣利用擁有數位技能的員工所具備的專業知識，加快創新的速度和廣度，同時仍然善用那些趕不上變革卻有經驗的勞動力？越來越多不分年齡層的客戶和聽眾，表示他們對於職場的溝通感到高度恐懼、焦慮和偏執。領導者的所作所為固然和過去沒有兩樣，例如給同事和團隊加油打氣、傳達信任，可是他們傳遞的訊息越來越常遭到誤會、誤解，甚至完全被漠視。然而這些領導人並不遲鈍，也不欠缺社交技巧，許多還精通建立強勢文化（按：在組織價值觀和信念中造成顯著影響的文化）的高深方法。

不過越是深入挖掘這些反應，我就越明白，最常聽到的怨言似乎都圍繞著工作場所內部的溝通詮釋方式。換句話說，一則本來既和善又中肯的訊息，到了訊息接收者這一端，居然詮釋為憤怒或憎惡，結果往往造成員工不太投入、創新不力，甚至流失績效頂尖的員工。

把郵件寫得短短的，溫暖之人一秒變冷淡

有一次我和客戶——嬌生公司（Johnson & Johnson）的高階領導人凱娥希（Kelsey）會面，目的正是處理這種問題；凱娥希的團隊給她的回饋不佳，士氣嚴重低落，而上司給的

績效考評指出她「同理心薄弱」。我第一次和凱娥希會面時，特別留意她有沒有放之四海而皆準的低度同理心徵狀：無法理解他人的需求、判讀與利用肢體語言的能力不足、傾聽技巧不佳、無法提出深入的問題。沒想到觀察的結果讓我大感困惑，看起來凱娥希擁有非常傑出的同理能力，她令我感到放鬆，且肢體語言表達出尊重與理解，傾聽我說話時既投入又慎重。問題到底出在哪裡？

答案和凱娥希的關係不大，反而和當今依賴科技的工作場所關係更大。凱娥希並不是欠缺同理心，而是和我所輔導過的幾乎每個人一樣，他們**不明白同理心在數位溝通的世界中已經變了，過去那種明確的訊號、線索、規範，如今變得難以理解**。注重講話聲調？親切的肢體語言？這些東西不再管用，**數位世界需要一種新的肢體語言**，問題是那種肢體語言的要素究竟是什麼，至今眾說紛紜。

舉例來說，凱娥希相信自己把電子郵件寫得短短的，是為了每個人好，可是她團隊的成員卻覺得這樣很冷淡又語焉不詳。還有，她常在開會前一刻才傳來行事曆通知，邀請大家出席，但又不解釋為什麼，搞得團隊成員覺得很不受尊重，彷彿她的行程比別人更重要似的。開策略簡報會議時，她也不斷查看手機，大家都感覺她心不在焉。

總歸一句話，凱娥希的數位肢體語言糟透了。平常工作場所裡的同事（其實一般人也一樣）透過實體的肢體語言，會產生相互連結的感覺，然而凱娥希的不當數位肢體語言卻適得其反，破壞了連結感本該帶來的明確效果。

於是我體悟到一件事：我們需要重新了解當今工作場所的肢體語言。**如今人人都是新「移民」，必須學習新的文化和語言，只不過需要適應的不是新國家，而是數位空間。**優秀的領導人不僅要察知別人的訊號和線索，更要駕馭二十年前還不存在的這種新式數位肢體語言；而現在絕大多數人掌握數位肢體語言的本領，大概和我小時候講印地語一樣彆腳！

這其實是世界上一個不可告人的小祕密：有些時候（其實是大多時候）人們弄不懂自己收到的電子郵件、簡訊、視訊會議等訊息背後的含意，也不完全明白自己傳遞的訊息是如何被對方接收的。閃閃發亮的新通訊工具正在替我們製造的，不僅僅是小困擾、小麻煩而已，而是嚴重問題——工作和決策變得遲緩，團隊混亂失序，員工沒有拚勁，滿腹猜疑、搖擺和偏執……科技真叫人頭痛！

他不回電，卻來我臉書按讚？

看來遭到誤解的「數位肢體語言」（或者說是欠缺一套眾所公認的規則），正在世界各地製造大問題，職場、社區，甚至家庭都遭殃。人人都曉得這些問題，卻都沒有人討論，只會偶爾唸叨幾句。

所有人都是在成長過程中學會讀書寫字，而有些人會表現得比另一些人好（譬如在課堂上朗讀喬治・歐威爾〔George Orwell〕的《動物農莊》〔*Animal Farm*〕時，把「奇怪」錯念成「畸怪」，有些同學就不斷拿這件事出來嘲笑）；然而在數位化的世界裡，卻沒有如何閱讀訊號與線索的說明書，為此，人們在工作時經常處在不確定、焦慮、煩惱之中，白白浪費好幾個小時、甚至好幾天。

在這方面我自己也不是什麼大師。我曾經花費一整個上午，反覆閱讀一封電子郵件，想要弄清楚對方在信裡只寫了「想法？」兩字，究竟是漏寫，還是真的就要問我這兩個字？他究竟是什麼意思？我聽過有人在手機通訊應用程式 WhatsApp 上和朋友一言不合鬧翻了；還有，最近打兩通電話找一個同事，對方不回電話，卻跑到你的臉書或 I G（Instagram）來按讚是怎麼回事？（這代表對方向你說「對不起」嗎？還是暗示他將回你電話，按讚只是先來探探你的態度？抑或從今以後，你和他將只會透過社群媒體溝通？這一切究竟是什麼意思？有事嗎？還是沒事？）那麼，某個高階主管寫的每一封電子郵件，末尾都要加上「謝謝你」，這樣表達沒錯吧？表面上客客氣氣當然沒錯，可是看在同事們眼裡，為什麼就覺得他假惺惺的呢？

我真心相信大部分人都心存善意，他們很可能只是不曉得如何「傳達」自己的善意。

永遠不要假設別人的理解與你相同

我們要怎樣才能重新建立真正的信任感和連結，哪怕距離再遙遠也無妨？我認為，方法是創造一套基本規範手冊，好在當今數位世界中明確溝通。**如果想要與人溝通自己真正的意思，一方面需要鉅細靡遺的了解當今的訊號與線索，另一方面則要培養較高的敏感度，查察文字詞句、細微差別、弦外之音、幽默、標點符號**——大多數人覺得這些應該是職業作家才會專精的領域。

但如果你以為，「把文章寫得清楚明白」只是可有可無的小眾技能，那你最好再想想。有人問過埃森哲管理諮詢公司（Accenture）的全球執行長朱莉・斯威特（Julie Sweet），**專業人士對個人事業生涯的最佳投資是什麼？**她的回答是：「**培養絕佳的溝通技巧。**」斯威特還說，任何員工，甚至是剛出社會的基層員工，都能透過一些方法，大幅提高自己的價值，包括能夠「言詞流暢的總結會議摘要……彙整簡報，並傳送切中要點的電子郵件」。關於如何增進一流的簡報和公開演講能力，過去已經討論很多，不過斯威特預見未來還有一種至關緊要的競爭優勢，應該算是一種「軟性」技能，那就是優良溝通技巧，尤其是寫作。

如何落實良好的數位肢體語言？答案是，**永遠不要假設別人的數位習慣和你自己的相同**（例如，每次收到電子郵件都在三十秒內回覆，或是從來不聽語音留言）。還有，發送訊息之前，**多花個幾秒鐘問問自己，你的用字遣詞、甚至標點符號，會不會遭到誤解？**對於傳送出去的訊號和線索，你需要保持高度自覺，時時檢查、不斷學習。

在這個瞬息萬變的世界裡，**那些說話有分量、功勞獲認可、做事有效果的人，究竟如何發送他們的訊號和線索？**這本書將為各位讀者解密。本書將充當常識指南，協助你了解如何與那些和自己截然不同的人交流，溝通個人的想法、協商與對方的關係、實話實說，並建立雙方的信任與信心。我會在後文介紹簡單的策略，幫助你與你的團隊相互了解，排除那些來自電子郵件、視訊、即時通訊、甚至日常會議的疑惑、挫折和誤解。我的使命是幫你縮短與任何人的距離，包括智力上、情緒上、個人上、職業上的距離；不管距離多遙遠，都要讓你脫穎而出，成為值得信賴、誠實坦蕩的領導人。

第一部

當「字面意思」變成「我不是那個意思」

第 1 章

隔著螢幕，
文意、情緒如何精準表達？

這對情侶已交往三年，最近一次吵架，兩人透過簡訊你來我往，歷時好幾個鐘頭，最後女朋友蘿拉（Laura）沮喪又疲憊，恨恨的敲出這句：「所以我們結束了嗎？」

男朋友大衛（David）回答：「我猜是吧。」

蘿拉傷心極了，第二天請假不去上班。接下來的二十四小時，她約朋友見面哭訴、翻看舊照片，哀悼失去的戀情。隔天晚上，大衛上門了，雙眼哭腫的蘿拉去開門，大衛說：「妳是不是忘記我們前幾天約好今天一起吃晚飯？」蘿拉說：「你說我們結束了呀。」大衛回：「我是指我們的爭吵結束了，我可沒說妳和我的關係結束了。」

噢。

大部分人的個人生活中都有類似對話（也許沒有這麼戲劇性）——溝通讓人迷惑，還充斥各種暗示，害我們花費一整天去推敲。

現在我們來設想一下，普通工作場所發生的類似場景。

傑克（Jack）是公司的中階主管，他剛剛收到上司的一封電子郵件，最後一句：「可以。」（That'll be fine.）讓他心裡七上八下。末尾那個句點彷彿占據了整個螢幕，像一顆黑珠子，也像一顆微型炸彈，致命，且帶著某種暗示。傑克發誓他從那個句點看出上司的不滿……我搞砸了嗎？也許傑克只是想太多了？假如不是想太多，那他又要怎麼替一個粗心大意，連加句點的含意都不懂的上司工作？

還有一個例子：

某公司的紐約總部，有一位態度積極、工作很有幹勁的女主管，她奉命遠距帶領一個位於德州達拉斯市（Dallas）的團隊。幾個月之後，團隊中有個名叫山姆（Sam）的年輕人搭飛機到紐約，這是他第一次和新上司面對面開會。一開始的前置討論進行得很順利，上司問道：「說說看你對我的第一印象如何？」山姆遲疑了一下，然後承認他的第一印象並不太好，因為對方幾乎所有通訊都直來直往、一針見血，山姆便認為她這個人不友善、很矜持，而且可能性格冷漠。等到山姆見到上司本人，這才發現她竟然和自己原先想像的完全相反。上司問他為什麼會有那種感覺？山姆只好承認，是因為她寫信從來不用縮寫，也不用驚嘆號的關係。

如果標點符號和縮寫詞引發我們的不確定感、自我懷疑、焦慮、憤怒、自我厭惡、不信任感，那麼有一件事肯定錯不了：我們對自己生活的這個時代，還有很多不明白的地方。

＊＊＊＊＊

我小時候常常拜讀作家黛博拉．坦南（Deborah Tannen）的書，而且是反覆閱讀。坦南是喬治城大學（Georgetown University）的語言學教授，她在一九九〇年出版了《男女親密對話：兩性如何進行成熟的語言溝通》（*You Just Don't Understand: Women and Men in Conversation*），不是只有我著迷，好像「每個人」都在讀坦南的書。書中分析人們在談話中如何使用迂迴、打岔、停頓、幽默、語速，在全國掀起熱烈討論，連續四年名列《紐約時報》（*The New York Times*）暢銷書排行榜，並被翻譯成三十種語言。

當今傳達意思的方式，讓人們比以前更迷茫，這一點你不需要擁有語言學的學位也知道。為什麼？坦南研究肢體語言，但幾乎只關注面對面互動，她的作品建立在語言學、性別、演化生物學的基礎上，不過普通人的言行舉止也為她添了很多素材——每次交疊雙臂、移開視線、眨眼，都提供有用的資訊。

然而包括坦南在內，沒有人能預料到，如今人與人之間的大部分連結，竟然都是虛擬的。**和過去相比，當代人際溝通更倚仗「怎麼說」，而非「說什麼」**，也就是我們的數位肢體語言。網際網路的來臨，賦予每個人一座講臺和一支麥克風，卻沒人教大家該如何使用。於是每個人都是邊用邊學，而過程中犯下的錯誤，有時會在工作上釀成嚴重的後果。

你瞧，現在我們的話不是用嘴來說，
也不是用身體來實踐，而是用文字傳達。

電子郵件，有五〇%的語氣被詮釋錯誤

簡訊、電子郵件、即時通訊、視訊，最終都算是視覺形式的溝通，再進一步說，每個人對這些問題的期待和直覺都不同：這個時間傳簡訊和電子郵件合不合適？開視訊會議時，何時應該凝視鏡頭？收到別人的訊息之後，先等多久再回信才恰當？要怎麼寫數位謝函或數位致歉函，才不顯得潦草或虛假？我們的遣詞用字、回覆時間、視訊會議風格、電子郵件結語甚至署名，都會在對方心裡形成印象，要麼提升、要麼損害我們在工作場所中與別人最緊密的關係（對個人生活的影響就更不用說了）。

目前所有團隊的溝通，大概有七成屬於虛擬型態。世人每天傳送將近三千零六十億封電子郵件，平均每個人每天要發三十封、回覆九十六封。根據《性格與社會心理學期刊》（*Journal of Personality and Social Psychology*，按：美國心理學會出版的一份心理學學術月刊，被視為社會心理學和人格心理學領域的頂級刊物），**我們所寫的電子郵件當中，有五〇%的「語氣」遭到錯誤詮釋**。五〇%！想像一下，你對愛人說「我愛你」，而對方有半數時間給你的反應是：「啊，是喔。」有時候我和丈夫拉赫爾（Rahul）互傳簡訊，我也有過相同的感覺。但老實說，我自己一樣糟糕！

還有別的數據佐證。《紐約時報》報導，自從 Covid-19 病毒大流行以來，美國職場上有

四三%的人，至少有一部分時間遠距工作。另一項研究指出，二五%的受訪人說他們透過網路進行社交活動的頻率，高於與真人進行社交。

二〇一五年，美國民調機構皮尤研究中心（Pew Research Center）的一項調查發現，九〇%的手機持有人「經常」隨身攜帶手機，還有七六%的持有人承認他們「很少」或「從不」關機。一般人平均每天花一百一十六分鐘（將近兩小時）使用社群媒體，也就是**一生中共花費五年又四個月的時間在這上面**。

一九九〇年，心理學家兼科學線記者丹尼爾．高曼（Daniel Goleman）率先推廣「情緒智商」（emotional intelligence，簡稱EI或EQ，或譯情緒智力）的概念。這個詞指的是解讀他人的訊號並予以適切回應，同時從對方觀點來理解並欣賞這個世界的能力。

如今，「情緒智商」和「同理心」已成為常見用語，在學術會議上廣受討論，也是所有主流教育課綱的一部分。各行各業都把它們視為價值宣言，從專業服務到醫療照護、科技產業，莫不如此。它們也是政治選舉和媒體對談的專門術語。領導人向我們推銷這個理念：站在他人立場看清楚情勢，便能夠改變領導風格、工作文化和營運策略。聽起來同理心可以提高士氣、激發創新、促進參與、留住員工、增加利潤，所以想必人人都贊成這個世界需要更多同理心。

造成數位斷鏈的五大原因

既然如此，為什麼我們大家都面臨了工作上發生誤會的危機？

這是因為**現在工作場所的本質是數位形式，想要判讀別人的情緒相當困難**，而這便成了一個大問題。

當情緒智商的概念普及時，數位時代卻還處在初生嬰兒期——電子郵件勉強算得上剛拆封的玩具；第一代智慧型手機笨重如磚塊，幾乎從未在會議中出現；簡訊是歐洲青少年喜歡的東西；視訊電話僅在外國流行。反觀今日，許多組織和社群只存在於螢幕背後，我們改變了創造連結的方式，進而改變與同事、顧客、社群成員、聽眾之間的合作方式。

為什麼員工會覺得與其他同事的關係疏離？在被人忽視的諸多原因當中，有一個是我們丟失了非語文的肢體線索。假如運用得當、推廣得好，具有同理心的肢體語言便能夠與員工積極投入畫上等號。員工之所以產生疏離感，並不是因為他們不想要有同理心，而是囿於今日的溝通工具，他們不曉得如何表達同理心。沒錯，公司執行長可以對員工說：「我辦公室的門永遠都開著。」還告訴大家他「隨時都在」，有事「都找得到他」。但假如執行長很少真正待在辦公室裡，想與他溝通的唯一途徑是寫電子郵件或訊息，但每天要排在兩百多封郵件或訊息之中等候他的注意，那又怎麼辦？

事實上，那些促進並擴大明確溝通所需要的條件，被今天絕大多數工作場所盡量削減到最少，導致員工普遍不信任、憎惡和挫折。隨著團隊之間的實體距離漸增、面對面互動機會漸減，幾乎不存在可以判讀的肢體語言。除此之外，現在事物更迭迅速，每幾個月就加快速度（也可能是出於我們的想像），害我們不得不適應最新常態。大家變得更不動腦筋，越來越能接受工作時的分心和打岔，也越來越不關心同仁和工作夥伴的需求和情緒。數位斷鏈（digital disconnect）造成彼此誤解、輕忽，疏於察覺訊號與線索，製造出全新的組織功能障礙（dysfunction）浪潮。

問題是，為什麼會這樣？

●沒有線索，像是姿勢、表情、音量。

有件事值得一提再提：面對面溝通的時候，非語文線索占了六〇％到八〇％。人類學家愛德華．霍爾（Edward T. Hall）稱這些訊號和線索為「沉默的語言」（the silent language），包括姿勢、距離、微笑、停頓、呵欠、語氣、面部表情、眼神接觸、手勢、音量在內。

當團隊成員之間的溝通有高達七〇％屬於數位型態，我們要怎麼創造連結？

●只延遲一．二秒，對方就會以為你不專心。

還記得從前你工作表現良好時，上司與你握手致意，令你感覺備受重視嗎？如今團隊成員在不同的地域、部門、辦公室、國家工作，已經做不到親自握手致意了。

有一項實驗，故意在視訊會議中插入很短暫的延遲，藉此評估同事之間如何互相斷定。和毫無延遲相比，哪怕當事人的反應**只延遲了區區一．二秒，也會被對方評判為較不專心、不友善、不自律**。即使透過視訊聊天，如果碰到畫面卡住或有奇怪的回音，參與者都難以認為自己的發言被對方聽進去或受到重視，這就令我們產生以下疑問：

如今我們要怎樣才能展現自己的欣賞之情？

●拿捏不住該回話的時機。

平常如果有人站在兩呎（按：一呎約等於三十公分）之外問話，我們會立即回答，也知道對話什麼時候會自然終止。可是現在情況不同了，我們不再把立即回答當作義務。（我還有事情要忙！）然而在此同時，過五個小時才回覆員工或客戶的「緊急」簡訊，很可能會使對方感到被忽視和氣憤。

那麼，我們怎樣才能在塞爆的收件匣和回信時間中找到平衡，以傳達我們的尊重？

●就算面對面溝通，也常被數位工具打斷。

在談公事的會議中、一對一的談話間，或是午餐討論時，若你低頭瞥視手機或「快速」回覆簡訊，往往會對周遭情況視而不見。此時，你多半會草草結束會議，忽略同事的臉部表情，沒看見他的笑容，也沒注意到他剛把筆放下來，比先前更注意傾聽的模樣。在事關銷售的對話當下，甚至很容易錯過對方的購買意向。

問題是，連最基本的面對面互動都經常被數位工具打斷，我們要如何遏止這種現象？

●最後一項眾所皆知——科技，給人隱藏的空間。

今日人人擁有「隱藏真實感受與思想」的選項，能夠選擇以電子郵件或簡訊掩飾不自在的感覺；可惜在此同時，也會製造出非常多模糊與誤會。對於喜歡按捺個人思想與情緒不表的人來說，螢幕提供很好的偽裝，可是領導者不該是這樣的。而且即使你在視訊會議當中，盯著螢幕上自己的臉，你也很難徹底放鬆並自然融入對話。

如此這般，當我們被螢幕分隔時，如何保持真心實意、相互連結？

以上這些問題的答案是——了解我們利用數位肢體語言傳送了什麼線索與訊號，並視情境量身打造，創造明白、精確的訊息。

停頓，代表你思考過；按讚表示同意

本書提供了一套系統化方式，藉以了解數位世界的訊號，正如同我們根據肢體語言詮釋實體世界的訊號。

這套方式將會**識別與解釋組織內部持續更迭的數位溝通規範與線索**，而這樣的過程，將**有助於組織成員創造一套對於溝通的共同期待**，不論彼此距離多遠都管用。這有點像是雙語字典，只不過我的任務是翻譯真人肢體語言，將其轉化為標點符號、視訊會議的第一印象、縮寫、署名，以及按下傳送鍵之前所花費的時間。

如果你能幫組織或小組成員真正了解數位肢體語言，就能夠落實良性溝通的過程，提供適當的架構和工具，支持一個打破藩籬、充滿信任的環境。這項技能也將反過頭來達成極高的效率，因為員工將會花費更少時間，去琢磨某個句點或驚嘆號代表什麼意義。

以下是幾個實務範例，幫助讀者了解傳統肢體語言如何「翻譯」成數位肢體語言。

- **傳統：**點頭（頭部上下擺動使人看起來興致盎然、態度可親）。點頭和微笑一樣具有傳染力，意思是如果我們在講話時點頭，對方比較可能專心聽我們說話。
- **數位：**即時回覆簡訊。回電子郵件時內容完整實在，表示你很注重對方的來信。使用

Teams（微軟的線上通訊軟體）進行小組聊天時，**寫下：「我完全同意你的說法」。在視訊會議時回一個比讚的表情符號。**

- **傳統：**撫摩下巴或停頓幾秒鐘，發出的訊號是你正在思考剛剛說的話。
- **數位：多等幾分鐘再答覆簡訊，顯示你尊重來函所說的內容。**回覆電子郵件時寫得很長或很詳盡，顯示你經過思考、注意重點。在視訊會議中停頓，表示你咀嚼過剛剛所說的內容，而不是脫口說出心裡冒出來的第一個念頭。
- **傳統：**微笑（笑容有傳染力，微笑會觸發大腦中連結快樂的部分，正因如此，我們對別人微笑時，對方通常也會報以笑容，或是感覺與我們之間存在更強的連結）。
- **數位：（適量）使用驚嘆號、表情符號。**發電子郵件時，末尾加上一句「祝你有個美好的週末」。**在視訊會議中開懷大笑。**
- **傳統：**將頭偏向一邊，發出的訊號是當事人正在專心傾聽。
- **數位：**對某則訊息「按讚」；在電子郵件中稱讚對方的想法；對方在視訊通話中表達某個想法時，你**透過口頭或是聊天視窗給予詳細評語，而不只是說「我同意」**。

肢體語言比較隱晦的地方，數位肢體語言則要明顯的表現出來。

本書所教的這套技能，會幫助你發揮自己最好的一面——提出新想法、勇敢對上級說實話、在混沌局勢中自信出擊、吸引他人協助強化你所提出的主張。這項技能將會透過清楚、透明、長期進行的方式，找回促使團隊積極參與的情緒。有了本書作為指南，你將能創造新的合作規範，減少會引起誤會的行為，讓你的領導作為更加清楚明確。

我書寫本書還有一項特別重要的使命，即幫助讀者成為傑出的溝通者（進而成為傑出的領導者）。為了真正了解這種溝通的新理想，我們須了解數位肢體語言的四大守則：清楚可見的重視、謹慎小心的溝通、信心十足的合作、全心全意的信任。接下來將依序討論。

寫對別人的名字，是最起碼的尊重

第一條守則的基礎，是傳統上用來表達欣賞的訊號和線索，如微笑、握手、致謝字條，這些在數位溝通中已經看不到了，不然就是必須花很多時間和精力才能執行。清楚可見的重視是關注、了解對方，同時傳遞「我了解你」和「我欣賞你」的訊息。

這條守則意味著，時時對他人的需求與時程安排保持敏感，而你了解「仔細閱讀並關注收到的電子郵件」，是一種新的傾聽藝術。當我們清楚表露出重視，會願意在對方苦惱時安慰他，但並不覺得需要去解決其苦惱。這條守則亦表示認同別人，卻也不急著表露出來。

清楚可見的重視，必然會提升到更高層次的尊重與信任。有一次，一位高階主管表示有興趣找我合作，於是我嘗試安排和她電話商談。接下來的五個月，這位主管三度取消本來約好的時間，但她不只是取消，而是乾脆放我鴿子。第一次她無故缺席之後，我發了一封電子郵件，其助理隨後重新安排電話商談的時間（可是那位高階主管完全沒有表達歉意，甚至不願隨便捏造一個藉口）。第二次她還是沒出現，助理只好又道歉，再次約了新的時間。到了第三次，她根本消失無蹤，一點聲息都沒有。又過了好幾個月，這位高階主管發電子郵件給我，來打聽要怎麼加入我參加的一個社團，彷彿先前的一切都沒有發生過。這次輪到我不回信了，這樣的人，我難道要把她推薦給我的同僚？

當我提到「尊重」時，並不是指講究細節或向人道歉，而是**讓別人感受到恰如其分的重視、接納，或是得到認可**。所謂尊重，是你在發送電子郵件以前，會事先校對郵件中有無錯誤；是重視別人的時間和行程安排，不在最後一刻取消會議，也不延遲回覆電子郵件，以免別人到處找你；是不在視訊會議中開靜音，只為了在別人說話時，分心處理其他好幾件事情；是在會議邀請函中寫清楚標題，明確解釋為什麼要占用別人時間。（**最起碼的尊重，是**

務必寫對別人的名字！）

另外，我們必須體認到，在某個情境下奏效的解決對策，換一個情境也許就不管用了。想像一下，你熬通宵做出一份專案報告，結果上司收到後的反應是隨便回一句：「謝啦」，你會覺得這樣不夠，對不對？事實上，你還可能感到憤怒。現在再想像一下，你把這份專案親自呈交給上司，結果得到對方的微笑和一聲「謝謝你」。是不是感覺好很多？清楚可見的重視，關鍵就在於數位溝通的時候，付出等同於微笑和說「謝謝你」的時間和精力。

訊息要短，但又不能短到不清楚

數位肢體語言的第二條守則，是謹慎小心的溝通，也就是遣辭用字和數位肢體語言盡可能清楚明瞭，經過這樣不斷努力，才能大幅降低誤會和錯誤詮釋的風險。無論是對於選擇哪些管道、在訊息中納入什麼內容、收件者名單中列入哪些對象，都要建立清楚明白的期望與規範；抑或是當我們知曉為何訊息發送的每個對象都各有責任，而下一個階段又該由誰負責，這兩者都是謹慎小心的溝通。

如果能達到這個守則，就能夠**有效消除疑惑，使當事人始終了解每位團隊成員的要求和需求，幫助精簡團隊工作時的溝通，減少無效率的作為。最後，還會促成大家立場一致。**

你曾碰到下面這些情況嗎？你和團隊卯足了勁、提了一個很棒的新點子，一切蓄勢待發，雖然每個人都精疲力竭，卻也抑不住興奮；努力過後，大家即將苦盡甘來！就在這時，公司的法務部門出面了，他們問了幾個問題，於是這項計畫要麼立刻胎死腹中，要麼重新設計，把原始計畫改得面目全非。

或者像這種情況：專業服務公司的行銷團隊花了好幾個月，推出一項新產品，結果事後才發現，去年早就有其他業務團隊創造出完全相同的東西。

還有這種情況：某項專案究竟算是成功或失敗？團隊成員毫無共識，因為他們從頭到尾都沒有一套大家都接受的成功標準。

不論是哪種情況，時間都浪費了，心血也白花了，工作場所的氣氛從興高采烈轉變成灰心喪氣。先前為什麼沒人發現問題？答案是：部門各自為政，彼此溝通不良。在計畫籌擬過程中，法務團隊一直沒有參與，直到最後一刻才介入；法令遵循專員（按：職責是確保公司營運符合法規要求）在規畫階段，沒有機會表達意見；顧客的心聲無人傾聽；行銷和會計主事者始終沒有碰頭，說出「我想要這樣、我認為這樣、我們來拿個主意」之類的話。

謹慎小心的溝通，意味著大家必須取得共識：某項計畫有沒有必要？符不符合組織的目標？另外，也意味著保持員工和團隊資訊暢通與更新，然後時時檢討，以支持大家的努力。誰正在做哪一項工作？為什麼？像我自己就記不清這種事已經發生過多少次了——團隊成員貿然推動計畫，事前疏於花十分鐘考慮各方主事者的意見，等到三個月之後，才發現另一個團隊已經做過「完全相同的工作」。

不過，**害大家立場無法一致的最大障礙，是「不夠清楚」**。透過數位肢體語言的訊號和線索，謹慎小心的溝通可以讓大家的立場恢復一致，這些訊號和線索包括：意識到「簡短」的訊息不見得很「清楚」、消除與別人脫節的語言等。

他真的是這個意思嗎？別太鑽牛角尖

第三條守則是信心十足的合作，表示有意識的承擔風險的自由，同時信任別人會支持你的決定。這個守則意味著管理現代工作場所中，必然存在的恐懼、不確定性和憂慮，並了解一點：**即使一切混亂失序，員工都要支持對方、互助合作，以避免失敗**。此守則也意味著**賦權給員工，讓他們出自關懷、有耐心的做出適當反應**，而不要逼迫他們對任何事件，都要立即反應過來。

信心十足的合作亦表示把「體貼他人」放在第一順位，並減少團體迷思（groupthink，按：團體在決策過程中，由於成員傾向讓自己的觀點與團體一致，因而令整個團體缺乏不同的思考角度，無法客觀分析）的行為。

舉例來說，讓團隊的某個遠距成員主持一場現場直播會議，營造大家都是自己人的感覺，也藉此減少一般對缺席成員常抱持的偏見。也可能是在視訊會議中、點名叫人起來表達不同的觀點之前，先利用虛擬聊天工具蒐集團隊的意見，而不是傾聽那些聲音最大、互相捧場的人。或者是設計一種用電子郵件派發工作的架構，這樣就不會搞得流言滿天飛。甚至還有可能是更直截了當的做法，比方說確保團隊成員一直擁有向前推進所需的資源。

信心十足的合作會減少同時陷在「太過注意」和「不夠注意」之間的可能性，譬如對某一封電子郵件上的小事吹毛求疵，卻草草略過其他電子郵件，忽視了重要的細節。這還將解放我們，克服習慣性恐懼和不確定，進而採取行動。

這樣的合作也讓我們不再對這些疑問鑽牛角尖：「她真的是這個意思嗎？」、「他是不是在生我的氣，只是沒說出來？」、「他們是不是在唬弄我？」反之，我們假設別人都心存善意，知道誰也不會靠犧牲他人、誤導他人、耍陰招，來圖謀自己的成功。

主管大忌：下班後傳訊息突襲部屬

數位肢體語言的第四條、也是最後一條守則，是全心全意的信任。唯有前三條守則都實現後，這一條才可能發生，而一旦有了這樣的信任，將會鼓舞團隊成員全方位的投入。

「全心全意」是這條守則的關鍵，因為它暗示最高級的組織信念，也就是員工口吐真言、信守諾言，並且實踐自己的承諾。

全心全意的信任，意味著**擁有開放的團隊文化，人人都知道自己所說的話受到傾聽，而且能夠隨時向他人求助，也能幫助他人而不求立即回報**。數位肢體語言的前三條守則一旦落實，全心全意的信任自然會水到渠成，恭喜你！你已經破除組織內恐懼和不確定感的桎梏，逐步組建那向來可望而不可及的完美團隊。

為什麼？因為當我們全心全意信任別人，就會激發對方最好的表現。藉著為團隊創造安全感（從領導人自己的數位肢體語言開始），我們的行為會由上而下慢慢形成鎮靜平穩的氣氛。信任一旦存在，任何有助於支持信任的事物都會被視為當務之急；反之，任何阻礙或擾亂信任的事物，也將得到關注與處置。

不過我們還是把話講白吧：全心全意的信任**並不代表毫無條件信任所有人**——特別是那些過去相處經驗不佳、一直沒能化解矛盾的人——指的是在工作環境中，**沒有人會為了煩惱瑣事而浪費時間**；語焉不詳的訊息或遲來的信件回覆，不會讓你感到害怕、焦慮，或產生不安全感；而且大家都很有信心、覺得其他人會支持自己。就今天來說，這樣的要求相當大膽，不過全心全意的信任，確實能得到如此成果。

過去這些年來，我和一些很傲慢自大的人合作過。有一次我替某個老闆工作，只要在我醒著的時間，她就用各種方式來侵擾。晚上九點，她會發電子郵件突襲，那時我多半剛結束一天漫長的工作，正在超級市場裡推著購物車採買。如果我不在五分鐘內回覆，她就開始傳緊急簡訊：「我在芝加哥的會議需要用到那份報告！妳寫好了嗎？報告在哪裡？」我只好放棄已經裝了半滿的推車，立刻跑回家加班，然後在午夜之前把文件交給她，才能上床睡覺。早上六點，我又被簡訊吵醒，上面寫著：「今早我們聊一聊，檢討一下那份報告。」

這種情況下，顯然不可能實現全心全意的信任。我感受不到清楚可見的重視，老闆的訊息也缺乏謹慎小心的溝通，而我們絕對沒有信心十足的合作。

從那時開始，我就發現一旦**存在著全然信任的基礎，員工就更願意表明自己的想法，不怕會被批評或報復**；事實上，他們可能想出很棒的改善方案，甚至在艱難的處境下也表現出色，我和我以前上司共事的經驗就屬於這一種。全心全意的信任有助於讓原本傾向消極對抗（passive-aggressive，按：或譯消極抵抗、被動攻擊，指表面服從，實際上隱蔽、消極的表達不滿，如逃避任務、拖延、不合作等）的同事，或是傲慢、霸道、討人厭的同事，改頭換面變成大好人，信不信由你。

最後，全心全意的信任會帶來賦權。我曉得賦權這個詞已經被濫用了，以至於失去意義。經常有領導人告訴團隊：「我要賦權給你們。」實際上卻不願意放棄一丁點的控制權，不容許其他聲音貢獻意見。在這種情況下，賦權的觀念只能淪為空洞的假話。反觀在全然信任的環境下，賦權意味著讓員工完整攬下他們的工作，以及完成工作所需要的資源。

賦權代表大家都覺得表達意見很安全，就算提出爭議性觀點也無妨，他們勇於表示：「我看這樣做不行。」不怕樹立新敵人。賦權暗示深層的心理安全感、清楚的資訊流通管道、坦誠討論員工能否從容接受失敗，以及在整個工作場所明確落實尊重、凝聚力和行動。

＊＊＊＊＊

本書是為了以下這些人所寫：你的上司和同事不停談論著團隊合作，卻從不採取必要行動；你快要被無數實體會議、視訊會議、電子郵件、簡訊、社群媒體平臺淹沒，乾脆決定放手隨它去。你將在下面幾章閱讀故事、學習策略，並採納為了改善工作場所而設計的普通常識原則。**你將學習到言外之意、標點符號、速度、停頓、延遲、權力與支配的訊號和線索，還有各種跨越性別、世代、文化的數位肢體語言的差異。**

不論你是帶領一支團隊，或是和無法理解的人共事，或只是想知道自己身邊的人為何沒什麼同理心，這本書都是為你而寫。我的目標很簡單：節省你的時間，把你從恐懼和憂慮中解放出來，並把看似無法破譯的訊號和線索轉化為清楚的訊息，就像握手、點頭、翻白眼、微笑和說「幹得好！」一樣，讓你一目瞭然。

數位肢體語言讀心術

傳達信任：

- **傳統：**攤開手掌；手臂不抱胸、不翹腳；微笑、點頭。
- **數位：**使用直白的語言，配上清楚的標題；電子郵件結尾時向對方示好（例如：有任何需要就傳簡訊給我！希望能幫上忙。）；如果沒有事先提醒，絕對不要將密件副本傳給任何人；**回信時模仿寄件者使用表情符號，或非正式的標點符號。**

傳達興奮：

- **傳統：**講話速度很快；提高音量；站起來蹦蹦跳跳，或用手指敲打辦公桌，藉此表達興奮之情。
- **數位：**使用驚嘆號和大寫字母（按：中文字因沒有大小寫之分，故後續會用粗體字來表現）；盡速優先回覆來信；**一口氣傳送多則訊息，不必先等候對方回覆；**使用積極正面的表情符號（像是笑臉、比讚、舉手擊掌等）。

傳達積極參與：

- **傳統：**在別人說話時身體往前傾；手臂不抱胸、不翹腳；微笑、點頭、眼神直視對方。
- **數位：**即時回覆，並**回答對方來訊中提到的所有問題與說明**（不要只答覆其中一、兩項）；如果只要簡短回應對方的訊息，那麼發個簡單的「知道了！」或「收到」回覆即可；**不要為了同時做其他事，在視訊會議中按下靜音鍵**；多用積極正面的表情符號，例如豎大拇指或笑臉。

傳達緊急：

- **傳統：**音量提高、講話速度加快、用手指來指去（或者做出其他誇張的手勢）。
- **數位：**全部使用大寫，加上直白語言或句子，末尾打上好幾個驚嘆號；**選擇打電話或開會，而不是發送數位訊息**；跳過問候語；電子郵件使用正式結語、全部回覆（Reply all，回覆所有人）或傳送副本（CC），藉此提示收件人注意；同時在好幾個數位管道上發送相同的訊息。

第2章

太快回、太慢回、
甚至不回，都讓人壓力山大

《華爾街》（*Wall Street*）、《上班一條蟲》（*Office Space*）、《驚爆好萊塢內幕》（*Swimming with Sharks*）、《穿著Prada的惡魔》（*The Devil Wears Prada*）……這些電影裡都有恐怖的上司，讓觀眾氣得咬牙切齒。（《穿著Prada的惡魔》裡有一幕，描寫飾演上司的梅莉．史翠普〔Meryl Streep〕批評小實習生，她冷冷的凝視對方，拖長音調、語帶譏諷的說：「請把你的問題拿去煩別人吧。」如果你還沒看過，今晚趕緊上網瞧一瞧。）話又說回來，和大家都親自見識過的毒辣同事相比，這些好萊塢原型難道真的那麼誇張嗎？

我喜歡在雞尾酒會上講一個親身經歷的真實故事，主角是我一個特別糟糕的同儕。

我從商學院畢業之後，第一份工作是在雷曼兄弟公司（Lehman Brothers）當交易員，那是在次級房貸風暴爆發以前的事了。當時**雷曼公司的文化是「閉上嘴巴，把上級交代給你的事做好」**。

我的同事（姑且稱她哈莉葉〔Harriet〕吧）挺年輕的，已經在我們小組待好幾年了。我負責的其中一項工作，是更新小組的某項專案計畫，為此必須從哈莉葉那裡取得資訊。每當我需要針對某件事找答案，就會寄一封電子郵件給她，而她回覆時會發郵件副本給我的上司，次數多到我記不清了。這給我感覺像是變相恫嚇，彷彿她調整了大廳監視器的角度，以便監視我工作。

我也開始注意到，哈莉葉將我排除在會議之外，我跑去質問她時，她卻說是不小心造成的。既然只是一次疏忽，為什麼會一再發生呢？最後我終於明白她為何阻攔我去開會——因為這樣她就能假冒自己做了我的工作，搶走我的功勞。（我之所以明白過來，是因為她在電子郵件中提及小組專案計畫時，使用的主詞是「我」，而不是「我們」。）

很多人都熟悉這種面對面相處時常見的施壓手段，也都經歷過實體情境中的一些狀況：上司或年紀較大的團隊成員抽身離去，或是在會議中轉而支持其他成員，或是避免和你眼神接觸，或是輕蔑的挑起一邊眉毛，或是停止微笑，不再表現友善的姿態等。又或許是某個團隊成員在會議上打斷你的話、忽略你，或者唯獨催促你做事，並暗示大家都在忙，沒空和你聊天。

哈莉葉的攻擊性固然強到難以忽視，可是**在數位領域中，施壓手段有時更難詮釋**。這類行為可能表現在回覆電子郵件時，只用一個字草草回信；明明問的是簡單的問題，卻過了很久才回應；使用過分正式的語言；或是乾脆不回覆對方。

碰到這類施壓手段，承受的一方真的很難受，尤其因為**數位溝通的模糊特性，特別容易造成誤會（權力較小那一方）和心理操縱（權力較大那一方）**。

這一章**將解開數位肢體語言中製造焦慮的常見訊號，並說明如何避免和任何人發生偏執、混亂的狀況**。

多數人的數位壓力來源

- 我的話太多了嗎？
- 有人想搶走我的功勞嗎？
- 如果他們覺得我的點子很蠢怎麼辦？他們會瞧不起我嗎？
- 電話上或視訊通話上的沉默，和我有關係嗎？
- 我寫的這封電子郵件合理嗎？
- 收到這則訊息的人，會錯誤詮釋訊息內容嗎？

怎麼詮釋模糊訊息？釐清兩個問題

主管提醒你最後期限快到了，他只是想幫忙嗎？還是在顯擺官威？怎樣才能分辨兩者的差別？

面對他人傳來的模糊訊息時，下面這兩個問題，可以幫你釐清下一步該怎麼走：

一、這段關係中，誰的權力大、誰的權力小？

二、我們有多麼信任彼此？

◎對方的位置高度，決定你的回應速度。

想想看，權力比你大的上司提出要求時，你會以多快的速度回應？而部屬採取迅速的反應，便是認同該項權力，接著快點工作！現在再想一想，如果提出要求的是你的祕書或部屬，那麼你的回應速度會是多快？當我們面對上司和客戶，回覆時會特別重視速度、明確性、訊息內容扎實；反之，若面對的是部屬，回信時很可能隨便丟一句話，連主旨都不寫。為什麼？因為**上司的權力比較大，通常促使部屬的數位肢體語言更為謹慎**，特別是在工作忙碌、必須分秒必爭的時候。

◎信任與權力矩陣，幫助你判斷訊息。

人們如何傳送訊號、傳送的又是什麼訊號，也和自己與溝通對象之間的信任程度息息相關。假如你寄送電子郵件給關係親密的同事，對方已經和你共事多年，你們之間存在高度信任，他可能將你傳的簡略訊息，詮釋為「你正在忙」的訊號。

然而如果你和同事因為工作上的競爭關係，使得信任程度很低，他很可能將你的簡短訊息，詮釋為「憎惡或憤怒」的訊號。信任的含意相當深遠——舉凡年齡、性別、文化、種族等變數都是關鍵因素，影響我們判斷他人的訊息，是否立意良善。

應付模糊不清的訊息時，最佳辦法是參考我所謂的「信任與權力矩陣」（Trust and Power Matrix），這個工具可以指引你在工作場所努力搞定各種不同層次的關係時，要牢記哪些數位肢體語言的訊號。

請看下面這張矩陣圖。縱軸表示你相對於通訊對象的權力高低，如果你的權力較大，對方是你的部屬，那麼你就看矩陣圖的上半部；萬一通訊對象是你的上司或顧客，這時就要看矩陣圖的下半部。橫軸表示信任程度，如果你與對方之間是親密、信任的關係，請看矩陣圖的右半邊；反之則看左半邊。

如果你的狀況落在象限A（表示你的權力大、信任程度低），**務必向對方表達你的感謝之意**。你可以簡單的回覆「謝謝你的訊息」或「我現在沒時間看，不過

信任與權力矩陣

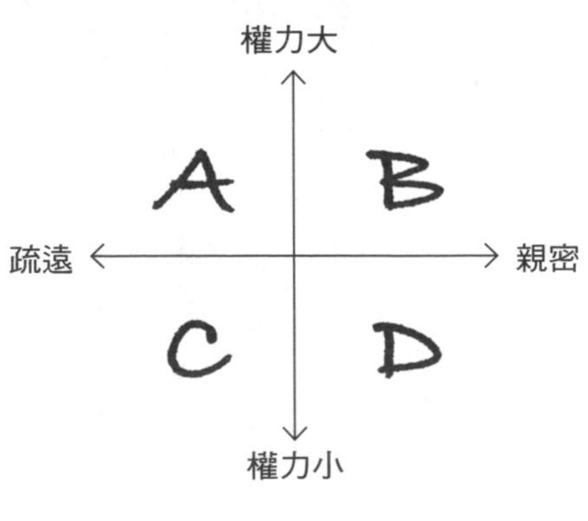

我看完以後會告訴你」，這樣的致意會幫助對方調適他們自身的期望。

如果你的狀況落在象限B（表示你權力較大，但已與對方發展良好的信任關係），那麼你和此人通訊時，就算大多時候語句都很簡短，也一樣自在。你要**很清楚的講明最後期限和你的期望，不要假設別人「懂你的意思」**。

假如是落在象限C（表示你的權力小、信任程度低），**對於交派的任務，須以反應迅速且思慮周到為優先，不要害怕要求對方說明你不明白的地方**。你的目標應該放在提高雙方之間的信任，假如你完全摸不著頭緒，那就找一個可以指點你的人，告訴你應該怎麼做。

最後，如果你的情況落在象限D（表示你權力小，但有著高度信任關係），不要掉以輕心，即使你與對方往往立場一致，也**不要讓自己的訊息和工作變得草率隨便**。

我的客戶告訴我，這個簡單的矩陣非常有用，幫助他們安然度過同事關係中權力、信任不平衡的難關。善用信任與權力矩陣吧，以便了解哪些數位肢體語言的訊號，最有利於改善你的溝通。

「我知道您真的很忙碌」，要是對方其實不忙呢？

在權力動態（power dynamics，按：指不同權力的人之間的互動）中，當事人的原意至關重要，可惜數位肢體語言卻有扭曲人們原意的奇怪慣性。

我剛進入現在這個行業時，曾寫過一封電子郵件給某大機構的財務長；對方先前答應將我介紹給她的一位同事認識一下，而我寫這封信的出發點，是想要感謝她在百忙之中抽空幫忙，因為我猜她的日程表一定安排得極為緊湊。我在電子郵件裡寫道：「只是想跟進一下後續，我知道您真的很忙碌。請問能否幫我聯繫約翰（John）？」

沒想到這封信捅了簍子，那位財務長回覆道：「我建議妳以後寫信給別人時，不要劈頭就提醒對方他真的很忙。」（對了，從此之後我再也沒有接過她的隻字片語。）

我的本意並非不尊重她——恰恰相反！事後回想，我當時應該更謹慎的選擇用詞才對，因為我們之間的權力落差很大，信任度又很低。

如果她正在度假，或剛好不忙碌，從而以為我故意讓她感到不舒服怎麼辦？由於我必須跟進計畫，心裡沒有安全感，便寫下那句「我知道您真的很忙碌」來打圓場，但我錯在不應該寫得那麼直接。

我學到的教訓是，在這種關係中必須謹慎，並且應該調整自己的數位肢體語言，因為我們雙方之間存在巨大的權力與信任鴻溝。有時候人們剛好那天過得不順遂，或是鐵了心就是要曲解你的意思，也可能是想展現權力，所以不管如何都會錯誤詮釋你的訊息。你應該努力不要當那種人，因為一旦這樣做了，就再也回不去原本的關係了。

直覺反應會誤事，多想一下再回信

在數位世界裡，原意和詮釋這兩者之間普遍存在落差，加上網路去抑制效應（online disinhibition effect）現象，情況更是雪上加霜。所謂網路去抑制效應，指的是網路使用者卸除心防、拋卻拘謹，在網路上坦然展現自我、不加矯飾，這是大家從沒想過在真實世界做出的行為。

根據約翰．蘇勒（John Suler）在《網路心理學與行為》（*CyberPsychology & Behavior*）期刊上發表的論文，網路去抑制效應起因於「匿名、無形、非同步性（asynchronicity，按：指不一定要即時互動）、投射、解離想像（dissociative imagination，按：認為網路和現實身分這兩者是不同的，甚至無須對虛構世界負責）、權威最小化」，虛擬互動過程一般都會催化這些現象。人們實際互動的時候，社交線索（臉部表情、音調、手勢等）具有抑制行為的功能。比如面對泫然欲泣的朋友，除非你發怒，或是已經反覆交代二十次了，否則恐怕很難對她發號司令：「妳立刻去把這件事辦好！」

假如團隊溝通時，苦思不解對方的原意，施壓手段、敵視、憎惡往往隨之而來，接著侵蝕信任，並損害合作與創意思考。

數位焦慮感會阻礙我們追求溝通的目標。在我們進一步分析常見的數位焦慮感來源之前，請記住一件事：**「對於自己的文字，務求無懈可擊、清楚明瞭。」**

＊　＊　＊　＊　＊

我在哈佛大學教書時，注意到某個學生「每次」說話前一定會停頓片刻。無論是回答問題或課堂報告，都看得出他在開口之前，花了很多時間和心思。我偶爾會這麼想：這個學生的做法是很重要的領導技能，使他脫穎而出。**追求遣辭用句無懈可擊，需要的是真正傾聽並了解別人所說的話，經過思考和琢磨再回應**——不論在網路還是真實世界都應該如此。

某個直接服務消費者的組織，其行銷經理寄了一封電子郵件給執行長批核，內容語帶諷刺，不在乎他人回饋。不過執行長並沒有照自己的直覺反應回他一句：「你搞清楚狀況！」而是花時間好好回覆對方的信件：「我想告訴你，在這個時候諷刺無濟於事。」

如果有人寄給你一封消極對抗的電子郵件，譬如：「我想你正在幫我完成這個，對吧？？」你應當克制反駁的衝動，不要回他：「不，我是大白痴，什麼事都完成不好！」反之，你該用事實和具體內容回應對方：「我正在做，並會在訂好的截止期限之前給你，也就是星期五早上十點之前；按照我們的計畫，我預計在星期三完成，這邊附上草稿。若你還需要別的東西，能告訴我嗎？」

使自己的用語完美無瑕，不僅能改善負面或有欠妥當的溝通，而且是以身作則，向別人展示正確的回應方式。

如何處理訊息模糊不清的電子郵件？

- 問問自己，你的困惑是來自對方選擇的媒介、語氣，還是訊息本身？如果是媒介，就改用另一種。有時候打電話確實比電子郵件好，而電子郵件又比互傳簡訊來得周全，更能表達觀點。如果問題出在語氣，那就假設對方是出於最良善的出發點，你應該用事實來回覆對方。**萬一問題出在訊息本身，那就要求對方再說清楚一點。**
- 如果訊息依然模糊不清，找個信得過的人，**徵詢第二種意見**。
- 承認你需要更多說明，並請對方回答下列疑問：問題出在哪裡？需要做什麼？我怎麼做才能幫上最多忙？

如何避免製造數位焦慮感？

寫信給別人時，永遠記得問自己下面這些問題：

- 我的訊息清楚嗎？
- 收信人可能用別的方式（或兩、三種其他方式）詮釋我的訊息嗎？
- 假如我的訊息會令別人感到疑惑，那麼能不能採用其他媒介或方式，以便更清楚的傳達訊息？
- 如果我的權力更大，會不會在不經意間把信寫得太簡短、太模糊或太草率？

你怎麼解讀，取決於你的認知

羅夏克測驗（Rorschach test）又稱墨跡測驗（inkblot test），是瑞士精神醫生赫曼・羅夏克（Hermann Rorschach）在一九二一年發明的。這項心理測驗要求受試者評估一系列墨跡，請他們陳述自己看到的形狀或形象，接著實驗者再評量受試者的認知，以判斷他們的思考過程、專注點和人格。舉例來說，你認為某一個墨跡是蝙蝠還是蝴蝶的翅膀？是禱告時交握的雙手？是穿披風的魔鬼？還是掉在人行道上正在融化的冰淇淋？答案和墨跡本身幾乎毫不相干，卻大量洩露受試者的情緒運作方式。

我們每天在工作場所，也會碰到等同墨跡測驗的事。這裡舉一個例子（見下圖）：

乍看之下，這是一則直截了當的訊息，可能是倉促之下寫成的。可是珍的電子郵件究竟是什麼意思？她在商學院學習寄發電子郵件，就是這樣學的嗎？還是有別的意思，比方說帶有數位施壓手段？

待會我再回答這個問題——用羅夏克的風格回答。我們先來探討四類最常引發焦慮的數位肢體語言，這四類之間不分順序：

- 簡短。
- 消極對抗。
- 回覆緩慢。
- 拘謹。

寄件者：珍．羅賓森（Jane Robinson）
回覆：
收件者：艾芮卡．達旺（Erica Dhawan）

妳這個為什麼沒有弄完？——珍

文字太簡短，反而造成誤會

底下三句話很簡短？是的。你讓我的心涼了？沒錯！

我早期在大型顧問公司上班的經驗，教了我很多東西，**包括簡短扼要的訊息有多麼令人緊張**。當時我以為自己頗為了解訊號和線索，可惜我不如自己所想的那麼厲害。

我在紐約生活和工作的時候，幾乎每天都和一位住在倫敦的英國資深合夥人通訊。我們隔著三千五百英里的距離，從未實際碰過面，完全依賴電子郵件和電話對談。身為年紀較輕的同事，我亟欲證明自己的本事，而倫敦的合夥人似乎也樂於與我共事。遺憾的是，有九〇％的時間我完全不知道他想要什麼，甚至不曉得他在想什麼。

基於他是我們手上這項專案的高階領導人，自然由他主導我們的通訊風格。他的電子郵件短得像俳句……在我看來，「發短信予此客戶」就像在說「霧漫上岸，紅浮標鏗鏘作響」。為了比照他的精簡用詞，我會回覆：「請給細節。」我和他通電話頂多講七到十分鐘，不是在兩場客戶會議之間抽空，就是在來回機場途中，我從這些對話片段得到的回饋，令我更加困惑。他會說：「這個再加把勁」，過幾天又說：「我們照這樣再做一遍」，可他

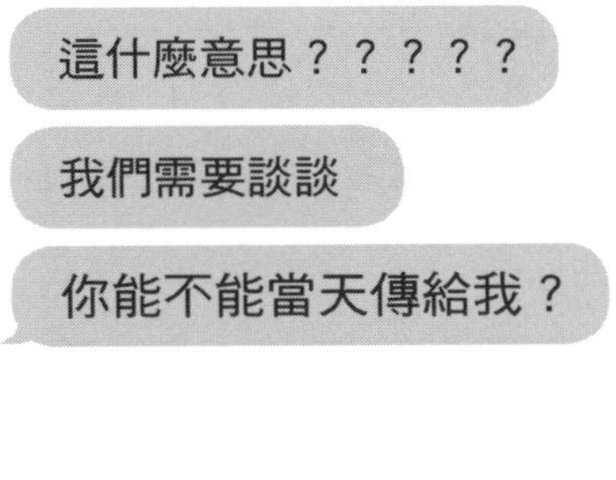
這什麼意思？？？？？
我們需要談談
你能不能當天傳給我？

提及的合作根本沒發生過，而且他也沒說明究竟是什麼需要加把勁或再做一遍。日子就這樣過下去，我覺得自己根本不可能成功。更糟的是，他對我的工作不滿意，我心裡有數，但除了電子郵件上的幾行字，他不給我指示和回饋，我實在搞不懂哪裡出錯了。

我做不好自以為能夠勝任的工作，理由有二：我始終沒有得到恰當的數位回饋；權力不對等讓我沒有立場要求回饋。於是我不斷感受到有關專案的焦慮，最後只好黯然離職。

組織中權力較高者惜字如金，這個現象很常見。例如金融服務公司摩根史坦利（Morgan Stanley）有個流傳已久的笑話，說公司裡越資深的人，寫簡訊和電子郵件表達謝意時，所需要的用字就越短。從菜鳥級「非常感謝你！」（Thank you so much!）到升了兩、三階之後的「感謝。」（Thanks.），下一次晉升，又縮短為「謝」（Thx 甚或 TX）。有個高階領導人乾脆只寫了個 T——他身分太重要、工作太忙了，連他老媽都不能指望他多寫幾個字。

高階領導人愛寫草率的簡訊和更草率的電子郵件，已經是惡名昭彰——文不成句、文法拙劣、拼字更讓人吐血——我們沒有時間計較這些東西！**文字簡短固然可能彰顯某人的重要地位，卻也可能妨礙到正事。對方收到草草完成的電子郵件，得花更多時間解讀郵件的意思**，不但因此造成延誤，還可能犯下代價高昂的錯誤。

有個叫湯姆（Tom）的高階主管寫訊息時，是出了名的粗心大意和過於簡短。有一次他的部屬發電子郵件來問他：「湯姆，你要我們放手進行這項計畫，還是要我們多蒐集一些資料再說？」湯姆回覆：「對。」按照湯姆的指示，我們可以放手做，也可以多蒐集資料，也可以兩者都不做。想像一下他的團隊必須浪費多少時間辯論應該怎麼做，而且要過很久，才會有人指出湯姆根本沒有回答問題！

員工敬業度（employee engagement，按：員工對組織及其目標的情感承諾）專家賈克琳．柯斯特納博士（Dr. Jaclyn Kostner）對寫信草率的高階主管提出忠告：「你必須騰出時間，否則你就不適任這份工作，應該把位子讓給別人。或者你需要轉移一部分責任，因為沒有任何藉口可以容許你寫難以理解的電子郵件給員工。」領導人不必每一則訊息都回覆，但若要提供重要的工作指示，訊息至少應該清楚明瞭。想像一下，如果我那位惜字如金的專案領導人願意多花十分鐘解釋他的目標，我第一份工作的表現會比當時出色多少？

身為難解訊息的收件人，**我們會為了設法填補失蹤的字句和欠缺的意思，過度思考那些字句，結果產生很多壓力和困惑。**

假如你收到不清楚、太簡短的訊息，可以考慮這些做法

- 如果收到關於工作上的要求，可以要求對方澄清疑問，例如：「能不能告訴我，

你需要我怎麼做？」或是：「謝謝來信。這個你最晚什麼時候需要？」

- 假如你不確定某事，就**要求對方提供你所需的細節**，以便更加了解對方的意圖，以及他交代的工作。
- **改變溝通管道**，例如電話、視訊通話、面對面開會，藉此補充相關資訊。

一直感覺自己發出的訊息和收到的回覆之間脫了鉤，那就：

- 問問自己：是否向收件者表明了需要做些什麼？為什麼要他們做這個？他們最晚什麼時候要做好？
- 問問自己：我使用的是正確通訊管道嗎？比起寫電子郵件，很快打個電話會不會得到更多相關資訊？

我和客戶珍妮特（Janet）的商務合作關係維持多年，有一次我們兩個正在規畫幾個月後即將舉辦的一場活動，在約好用電話商量的前兩天，我傳給她一份待議事項供檢閱。珍妮特回了一封電子郵件：「好，我們談談。也需要討論預算。」我看了之後心裡一沉，猜想她打算說預算用完了，等工作結束後我將拿不到全額酬勞。盛怒之下，那天晚上我輾轉難眠，直到和珍妮特通上電話的那一刻，我的情緒依然惡劣。沒想到，珍妮特開口就說：「我忘記先前答應要付妳多少錢了，妳能提醒我一下，好讓我編入預算嗎？」

我為最壞的情況做了打算，結果只是白白浪費時間和精力。我和珍妮特的關係安然無恙，可是因為權力不對等，我對我們之間的公事安排容易產生焦慮，使得我偏移焦點，沒有把全部心思放在真正需要完成的事情上面。

想跟進後續時，別寫：「根據我上一封郵件」

大家都有過這種感覺：上級傳給我們、要我們詮釋的句子其實「可能」毫無差錯，但看到訊息的那一刻，我們卻忍不住胃抽筋。她在簡訊裡說的「根據我的上一封電子郵件」或「容我提醒你……」，究竟是什麼意思？我是不是漏了什麼東西？她的語氣聽起來和北歐女神一樣睿智、溫和，但有沒有可能實際上在說：「你沒有讀我上次寫的內容。注意一點，該死的！」或是：「快點搞定這個！太慢了！我還等著呢！」是這樣嗎？

有時候我們把話中有話視為微型攻擊，本來共事雙方早就互看不順眼，這一來更是火上加油。另一些時候，我們告訴自己，這可能只是上司念商學院時學來的一句話，她不曉得這句話落在文字上，讓別人感覺她多麼傲慢又自負。

我舉個例子：梅麗莎（Melissa）和蘿薩黎（Rosalee）是同事，剛開始兩個人很投緣，不過等到她們開始合作同一項專案計畫，情況便直轉而下。

看看她們在聊天軟體上你來我往的這段對話：

梅麗莎：嗨親愛的！我曉得妳很忙，不過妳今天能幫我弄到那份報告的草稿嗎？

蘿薩黎：噢，嗨！好啊沒問題。嚴格來說，明天才是截止期限。不過，沒事，看妳什麼時候需要都行！

梅麗莎：太太太～～謝謝妳了！其實專案計畫進度上說是昨天，但是我不想吵妳，為了確保我們今後達成共識，我會發工作進度表的連結給妳😀😀😀謝謝妳立刻把報告送來，等等想去喝杯咖啡嗎？

蘿薩黎：謝謝提議，不過不用了，現在我得把那份報告趕出來。別擔心，我也一定會檢查那張進度表，馬上就做。祝妳今天愉快，梅麗莎。😎👍👍👍

我猜，這兩位恐怕短期內都不會相約吃吃喝喝了。

梅麗莎不應該用午餐之約來軟化先前的對話，而應該從一開始就更清楚的單刀直入，避免用語模糊不清，像是「我曉得妳很忙，不過……」，還有「確保我們達成共識」。其實梅麗莎大可這麼寫：「嘿！我的行事曆上說妳今天會完成報告。妳能告訴我什麼時候拿得到文件嗎？」這則非常簡單的訊息，說明了她的資訊來源（行事曆），同時清楚直接的提問。

來自華盛頓特區的作家兼行銷專家丹妮爾・芮妮（Danielle René）的推特貼文，談到人們日常使用數位肢體語言相互指責的微妙方式。**「根據我上一封電子郵件所說的」是巧妙糾正甚至羞辱來信者的頭號選擇。**

芮妮也請她的推特跟隨者上傳他們最厲害的婉轉糾正訊息，沒想到這項徵求立刻爆紅（吸引一萬人轉貼，四萬人按讚，超過一千則回覆）。在這些訊息當中，我心目中的第一名是主旨為「善意提醒」的電子郵件，內容寫著：「我想把我寫的上一則訊息在你的收件匣置頂，因為我知道你真的很忙。」

芮妮的推特意見調查得到很多精彩的答案，其中包括：

@crumr018：「不確定你是否收到我的電子郵件，因為我一直沒收到你的回覆。」

@chocolateelixir：我喜歡轉寄先前的電子郵件，然後說：「如果我弄錯的話請糾正我，不過你在此處說過……」

@darkandluuney：先聲明「我只是要重申……」，然後在之前往返的電子郵件中，把明確說過的話加上醒目的顏色，並加粗標示出來。

@_verytrue：我最愛「你要為這個補充任何最新資訊嗎？」（寄件者甚至把一封電子郵件當作附件，夾在電子郵件裡寄給對方！）

所有這些案例中的收件者，可能都不了解寄件者的言外之意，但那真的是重點嗎？光是寫下「我只是要重申……」和「你要為這個補充任何最新資訊嗎？」，寄件者便已感受到偷偷指責的快意。

無論如何，數位溝通無法讓我們看見彼此的立即反應，這也正是我們設法禮貌的表達自己生氣的原因。這裡的關鍵字是「禮貌」。雖然下方表格這些句子，可能被解釋成消極對抗（隱蔽、消極的表達不滿），但真相是——忙碌的人（尤其是較年長者）往往將這些句子視為合理的跟進請求，不是存心要消極對抗。

常見句子背後的可能意思

字面意思	可能意思（消極對抗）
根據我上一封電子郵件所說的	你沒有真正閱讀我上次寫的東西。這次可要注意了！
供日後參考	讓我來糾正一下，這個你明知道有問題的明顯「錯誤」。
在你的收件匣裡將這個置頂	你是我上司，這是我第三次拜託你了。我需要你把這該死的東西做好。
只是要確保我們達成共識	我要用這個來保自己的小命，並且確保未來萬一有人回頭看這封電子郵件，就知道我從頭到尾都是對的。
從現在開始／今後／將來	你再也不許那麼做。

我自己就碰過好幾個客戶使用這個句子：「謝謝妳的耐心。」每次我在電子郵件裡看到這句話，都沒辦法確定對方究竟是會在未來某個時間拒絕我，還是真的需要比預期多幾天時間才能答覆？我知道，我知道——他們大多時候會說：「很抱歉那麼晚才回覆，這比我原先想的更花時間。」這樣就好，沒有必要為此失眠。

如此說來，我們該怎麼表達自己「跟進一下後續」，才不會落入任何消極對抗的嫌疑？在電子郵件裡要怎麼讓上司得到相關消息，才不顯得自己像個渾蛋？什麼時候該用簡訊回覆，而不是用電子郵件？什麼時候該打電話說明事情？

我們再回過頭來看看這張信任與權力矩陣（見下圖）。雙方之中誰的權力比較大？彼此間的信任程度又有多高？**如果你們之間存在高度信任，那就選擇打電話，而且不必遲疑、盡快回覆，不必拘泥形式。**

信任與權力矩陣

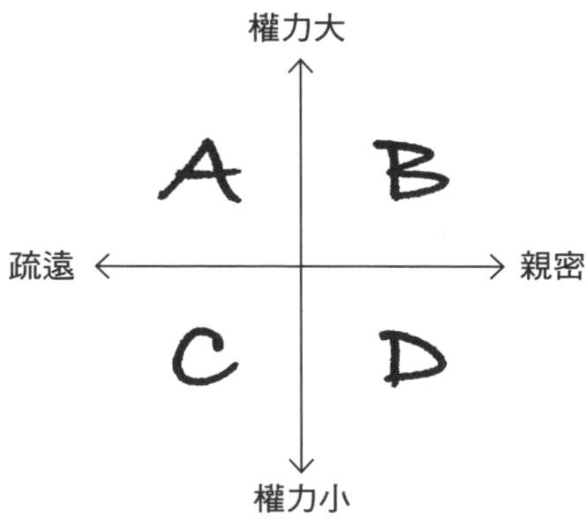

假如你們的信任度低，且權力落差較大，那麼你的回覆就必須具體而有禮貌，同時需要依循正式管道。（有禮貌的訊息和消極對抗的訊息，兩者之間似乎常有細微的區別。）

你該這樣應付消極對抗的同事或上司

- **避免在自己憤怒或沮喪時回覆訊息或電子郵件**。這麼做能防止溝通失誤、浪費時間、事後懊悔。假如你覺得被情緒綁架，不妨先將寫好的電子郵件儲存成草稿，等心情好一點再修改和傳送。
- **保持理性**。徹底想清楚你的回覆，且對方採取因應行動時需要什麼訊息，你就要相應給出。假設對方意圖良善，便設身處地問問自己：「為什麼他們會犯這樣的錯誤？」有時候在回信中添個簡短摘要，這樣收件者就不必翻找先前的電子郵件（比如「我需要你這麼做」或「我寫下來的這幾天有空」），此舉頗有幫助。
- **展現同理心和鼓勵**。把「你去做這個」這類命令句，改成條件句如：「你能做這個嗎？」當你給對方回饋，首先要表達謝意，如：「謝謝」或「你做得很好」。

對方已讀不回，是忘記還是故意？

在走廊碰到平常好脾氣的同事，你欣快的向他打招呼，他卻當作沒聽見，你就明白有事情出錯了。萬一你回到辦公桌，對方仍對你不理不睬，你就會想弄清楚到底發生了什麼事。你倒不是因為同事不和你說話而感到焦慮，而是平常的行為模式改變了，才令你不安。

在數位世界裡，所謂的冷戰（silent treatment）**可能表現在拖延回覆電子郵件和簡訊，甚至是神隱**（ghosting）**的行為**，這一來又激發我所謂的「計時焦慮」（timing anxiety），也就是發現自己左思右想數位回覆時間所隱含的意義時，我們所感受到的強烈煩憂。計時焦慮可以維持數小時、數日、數星期之久，當事人不斷問自己：對方只是……在忙嗎？他收到我寄的電子郵件了嗎？信會不會被歸到垃圾郵件裡了？對方會不會是故意不回信，也就是所謂的「冷戰」？

有時候，對方回覆的電子郵件完全不帶表情或情緒，簡直和廣告傳單沒兩樣。假如是這樣，我們一定會忍不住懷疑：我是不是反應過度？也許對方只是直來直往、一針見血？

現在大家一致仰賴快速、即時的簡訊，所以一旦利用其他管道傳訊時，沒有收到立即回覆，就會不自然的感到挫折。想像你剛剛發了電子郵件給其他小組的同事：「最近一起吃個晚飯？」一兩天後對方依然沒有回音，可是他又有時間在臉書和 I G 上貼愛犬的新照片。

於是，你沒有再寄電子郵件給他，只對他在社群媒體上貼的愛犬照片按讚，希望你按的讚或愛心會激起他的愧疚感，趕快回覆你先前寄的電子郵件。又過了一週，對方回信了：「抱歉拖到這麼晚！！！」等你們終於碰面吃飯，你才發現他真的是太忙了（訓練小狗也要花時間），沒有心情和誰共進晚餐。

你還記得以前語音留言盛行的年代嗎？當時就算過一週才回覆也沒關係。下面這張圖，是我們對回覆時間緩慢的情緒波動曲線。

其他的情境也一樣容易引起誤會。友人瑪格麗特（Margaret）對我說，她跳槽到另一家公司時，公司的某位同事不肯再和她說話。瑪格麗特傳簡訊給對方，說自己準備離職了，結果等了八天才收到回信。在瑪格麗特看來，慢兩天回信就等於不再談話了。

焦慮程度曲線圖

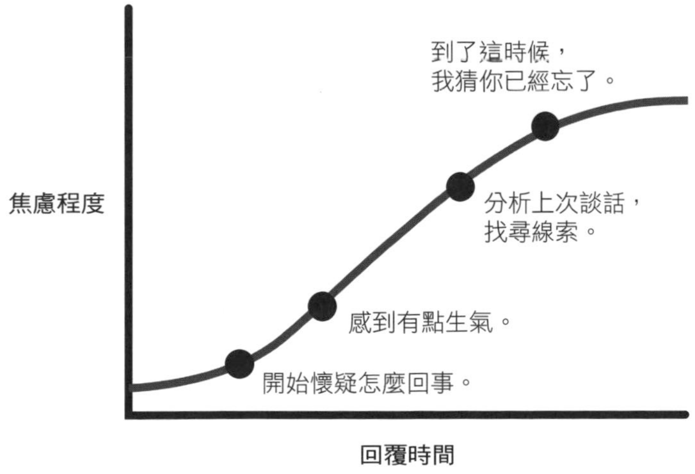
到了這時候，
我猜你已經忘了。
分析上次談話，
找尋線索。
感到有點生氣。
開始懷疑怎麼回事。
焦慮程度
回覆時間

另一個友人茱莉（Julie）告訴我，曾經有人過了一週才回覆她的緊急簡訊，她氣到不願意回對方的訊息。茱莉將對方一整個星期的沉默，詮釋為「忽視」，所以她以牙還牙，也故意忽視對方。遺憾的是，我們沒有可靠又快速的法則，能百分之百確知某人是否把沉默作為武器。更重要的是，我們都得知道，不論是故意或無意，數位肢體語言都會釋放訊號。

「神隱」這個詞還挺新的，用來形容簡訊或電子郵件已讀不回的行為，特別是發送後續訊息之後得不到回音的情況。好幾個月之前，我的朋友尼爾（Neill）寄給他的友人雪莉（Shelly）一則WhatsApp訊息：「收到這個訊息能否打個電話給我？」雪莉的手機跳出訊息通知，但因為她當時正在生尼爾的氣，沒有心情回覆，所以就假裝沒有點開訊息，只是下滑看過預覽部分。尼爾發現雪莉沒有開啟自己發去的訊息，也理所當然的假設雪莉沒有看到這則訊息。

從雪莉的角度來看，只要她克制自己不點開訊息內容，就可以裝無辜，辯稱自己沒看到訊息。過了一段時間，雪莉終於打開WhatsApp上的訊息，並回應尼爾：「嘿，我剛剛才看到這個！我等等就打電話給你。」（事後兩人都告訴我，這就是他們交流收場的方式。）

由於大家都期待立即回覆，因此當今的即時通訊系統，讓往來傳遞訊息的當事人幾乎毫無喘息的餘地（我們都曾有過前文雪莉或尼爾的感受）。你不能假設別人和自己一樣，喜歡迅速（或緩慢）回覆訊息，所以**在工作場所中，務必針對通訊軟體和時間範疇，建立大家**

都認同的規範，以免在溝通某件事的時候，竟然變成「神隱」的那個人。

不要成為神隱的那個人

假如你正在等待別人回覆訊息：

- 不要驟下結論。除非事情緊急到你得「盡速」得到回覆，否則就**謹記：別人可能同時有很多事情要忙。**
- 如果你後續跟進兩次依然得不到回音，改用別的媒介看看。

假如你需要回覆別人：

- 若是**可以在六十秒之內回對方答案，那就立刻回覆。**
- 如果事態緊急就要立即回覆，否則也要讓對方知道你正在想辦法。在你的行事曆上記下預計答覆的時間。
- 對於不是太緊急的事，別緊張，**先訂個大概的時間，待你方便時再跟進。**

態度改變，說「謝謝」不只是道謝

哪怕只是和短短十年前相比，今日職場已經明顯變得較不正式。不論是上班的穿著打扮，還是與主管、部屬互動的方式，都比較不拘泥形式，時代確實改變了。就連與我合作的客戶之中、專營公司法的律師事務所或四大會計師事務所也都同意，工作場所已經越來越少拘泥於形式，因此溝通時稍微多一點拘謹，給當事人的感覺，就可能成了溢於言表的施壓手段。有時候太過客套，會使人看來不友善或冷漠，讓你和別人格格不入。

「謝謝」是相當實用的基本禮貌用語，例如「謝謝您招待晚餐」、「謝謝您這麼快回電」、「謝謝您撥冗一見」。但若是年紀、階層相仿的同事用上這兩個字，裡頭恐怕就有捍衛自己職權的意思。「我需要在五點以前拿到這份報告。謝謝。」、「我會在早上八點準備好，謝謝。」在這些情況下使用謝謝，已經超越簡單的致謝，達到命令的層級；如果有個同事講起話來像是睥睨臣民的帝王，那就很難不激起其他同事的怒火了。

除此之外，當共事對象的態度從友善轉變成拘謹，確實可能令人煩惱。舉例來說，如果上司傳來的電子郵件劈頭寫著「親愛的史帝夫」（Dear Steve），而不是平常較隨意的風格（例如：有話直說，根本不提你的名字），那麼你該怎麼理解這封信？如果共事多年的同仁一改態度、變得正經八百，在電子郵件署名時寫著「萬事如意」，而不是「謝啦！」又該怎麼辦？

舉個態度改變的例子。特黎娜（Trina）在團隊裡以不拘小節的通訊風格著稱，有一天她冷不防的發給大家一封很長的電子郵件，上面羅列著一串工作需求，每一項工作都用不同的彩色粗體字標示。特黎娜很自豪，因為她把信寫得清楚明白、直截了當，並相信這封信一定能收到良好成效。

一名團隊成員黛安（Dianne）回覆確認收到郵件時，順便開個玩笑；她選擇全部回覆，寫下一句輕鬆的評語：「哇，這封郵件真是色彩繽紛！😀看來我們小組要小心處理很多事！」特黎娜回覆：「嗯……注意妳的態度，我可是這裡的主管……。」噢，特黎娜覺得黛安忘了自己的身分，就擺出自己的階級來表示不悅。

儘管特黎娜的語氣，確實成功提醒了黛安自己才是老大，可是這樣一來，也破壞了她們之間的關係。

問候語、結語和署名，表露個性和階級

問候語和結語的正式或非正式性質，也暗示情緒的強弱。如果你平常的結語是謹啟或敬上，表示你很可能寧願和收信人保持一點距離。假如你天性就比較偏好正式的風格，那麼

忠於本性也無妨；可是如果你想在工作上建立親密的友誼，這種正經八百的口吻，恐怕會讓你付出代價。

這類語氣也延伸到工作職務上。有一位美國銀行（Bank of America）的前高階主管描述過他的辦公室歲月：「每當我想從組織裡某個不認識我的人那裡得到回覆，就會在電子郵件結尾加上正式職銜，表明我是副總，這樣每次都能較快得到對方回覆。」反之，如果你寫信時一開頭就是「嗨」，或在只有短短一行字的電子郵件裡，用一個笑臉符號當結語，那麼收件者就可能認定你是個不講求形式的人。

我們在電子郵件裡所使用的代名詞，也彰顯了自己偏好的正式程度，更別說雙方關係當中的權力動態了。

心理學詹姆斯・潘尼貝克（James Pennebaker）發現：「**在任何互動中，與地位較低的一方相比，地位較高者較少用『我』**（沒錯，用得比較少）。」潘尼貝克用自己的信件測試這項理論，他分析自己在任教大學與別人往來的電子郵件，指出：「我向來自認性格溫暖、講求平等，對誰都一視同仁。大學部的學生寫信給我時，電子郵件上隨處可見『我』、『我的』這些字眼；反觀我的回覆，雖然相當友善，卻明顯比較疏離，很少出現『我』這個字眼。我又分析了自己寫給我們學院院長的電子郵件，發現郵件中充斥著『我』，而對方回覆的電子郵件上，幾乎找不到『我』這個字。」

我的數位肢體語言應該多正式？

- 如果是新的關係，就遵照權力較大者的拘謹程度進行。
- 如果是長期且相互信賴的關係，但通訊中拘謹程度卻突然或緩緩改變，你就要問問自己原因何在，或是考慮請對方解答。
- 如果是長期關係，雙方之間存在明顯的權力落差，當通訊中拘謹程度改變時，應該遵照權力較大者給予的訊號，模仿他所做的改變。

為了降低團隊成員之間的焦慮感，同時創造更高的透明度，領導人應該訂定一套清楚明白的準則，指示如何使用「寄送副本」、「全部回覆」、主旨，以及其他用來顯示階級的所有訊號。

某大科技公司總裁邁可（Mike）告知員工，任何將他列為寄送副本對象的訊息，他都會歸納到一個獨立的電子郵件資料匣中，這個資料匣他每週檢查一次，而員工不應該期待他會回覆這類郵件。整體而言，邁可的員工比我見過的大多數團隊，都更有這方面的意識。拜規範明確之賜，他們知道什麼時候應該使用電子郵件的個別功能，萬一落入永無止境的電子郵件鏈（email chain，按：整個電子郵件的往來對話），也曉得該如何應對。

和任何型態的溝通一樣，你在詮釋對方的數位肢體語言時，最好假設最良善的出發點。**不要理所當然的下結論**，認定是別人的數位行為令人困惑，才害你成為箭靶；哪怕心裡有疑慮，也應該**假定對方不是故意的**：也許他們匆匆忙忙，正在趕截止期限，或（很可能）只是忘記了。誰都可能碰上這種事——無意中冒犯了別人，自己卻往往是最後一個知曉的。

如果你仍然為此煩惱，不妨和對方面對面直接談談，不然也能打個電話或視訊通話。你可以**坦然解釋自己的焦慮從何而來，不要過度致歉或指控，而是要求對方說明即可**，不論你們的真實距離多麼遙遠，這麼做將有助於建立信任與連結。

第3章

標點和表情符號，一個訊號經常各自表述

在我成長的歲月中，母親一再耳提面命：「艾芮卡，站直！」我試著挺直站立，可是總感覺彎腰駝背的懶散姿勢舒服多了。其實不只我媽，老師也常告誡我應該改正不良的姿勢，一直到我開始第一份工作，才徹底改掉彎腰駝背的習慣，從此之後都站得筆直。當時一位前輩告訴我：「姿勢顯示妳的自信，彎腰駝背讓妳看起來很不專業。」以前我一直以為彎腰駝背和自己的懶散有關，這個時候才恍然大悟：我對彎腰駝背的感覺如何根本不重要，重要的是，**這種姿勢散發的溝通訊號，讓我在別人眼裡留下了什麼印象？**

想一想上次開會的時候，主位坐的是誰？誰遲到了幾分鐘才進來？誰特別在意非要坐在誰的旁邊？誰把椅子往後挪得離桌子遠遠的？誰在整個會議當中不斷查看電子郵件？這些都是訊號和線索，間接呈現當事人在工作場所的信心、影響力和權力。

再想一想：你上一次參加視訊會議、群組簡訊或團隊通訊時，能夠分辨前段這些相同的訊號和線索嗎？在視訊會議當中，悄悄和別人直接傳即時訊息和電子郵件來討論，已經取代實體會議裡的交頭接耳。座位安排隱含的辦公室政治，如今表現於電子郵件的收件者、副本接收人、密件副本接收人、列名順位（第一個？最後一個？卡在中間？）。

在離線的真實世界，眼神接觸往往蘊藏許多意義，而今一封簡短精要的電子郵件、使用線條簡潔的字體、最末一句加上句點——這些都會嚇到遠在數千里外的收信人。實體會議中的殷勤態度和點頭示意，現在換作驚嘆號、表情符號（emoji）、快速回覆。過去在會議出入口送往迎來、握手告別，告訴你會議進行得如何；如今你只能根據同事在後續的電子郵件裡打招呼的語氣和結語，揣測他們覺得同一場會議是好是壞，和你的感覺一不一樣。

數位肢體語言本身固然比較「隨意」，但並不等於「隨便」。在所有良好通訊中，每一個文字、每一個訊號都很重要，身處於這個再也無法依賴聲音、語調、眼神接觸的時代，尤其不能忽視這一點。

這一章要探討的主題包括：真實世界的肢體語言，如何翻譯成螢幕上的文字、標點符號、回覆時間、媒介選擇；你在螢幕上輸入的文字，到了收件者那一端，可能會有哪幾種誤解方式；在你點擊傳送鍵之前，有什麼辦法可以控制那些文句。

以下是我們每天傳送出去的重要數位肢體語言訊號，以及它們在真實世界中各自對應的項目：

- 媒介選擇＝優先順位。
- 標點與符號＝情緒。
- 回覆時間＝尊重。
- 收件者、副本接收人、密件副本接收人、全部回覆＝列名。
- 你的數位身分驗證＝身分識別。

半夜發送會議邀請，員工嚇壞了！

選用最佳媒介（電子郵件、團隊溝通軟體Slack、電話或簡訊）至關重要，應該視情境不同，選擇恰當的媒介。**首先，這則訊息有多重要或急迫？第二，通訊對象是誰？**如果發現同事即將發表的報告打錯了一個字，你想告知對方，那麼選用什麼媒介比較好？電子郵件、團隊溝通軟體Slack、電話，還是簡訊？如果你想提醒的對象不是同事，而是你的頂頭上司，又該怎麼選擇？

雖然這些溝通媒介都很有效，但也各自帶有隱晦的含意和弦外之音。學會搞定這麼多令人眼花撩亂的潛藏意義，便足以證明你有過人的數位才幹和專業能力。

舉個例子，艾德芮兒（Adriel）是某大機構新任命的執行長，為了應付一位特別棘手的客戶，她需要拿到相關資訊。於是，艾德芮兒在深夜傳了一份行事曆邀請給會計經理布萊恩（Brian），邀請他第二天一早來開會，內容如下圖。

新會議：（無主旨）
星期五早上8點～9點
寄件者：adriel@doe.com
收件者：brian@doe.com

布萊恩準時出席，不過看起來有些莫名焦慮。兩人開始談話之後，從布萊恩的肢體語言可以看出他明顯放鬆下來，艾德芮兒問他怎麼了，布萊恩脫口道：「昨晚我收到邀請後一夜難眠，以為自己要被開除了。」身為上司的艾德芮兒很驚訝，因為對她來說，利用行事曆發送會議邀請，只是在中性陳述：「騰出時間給老闆，日期如下。」

然而對布萊恩而言，收到一個沒有上下文的行事曆會議邀請，感覺既冷漠又疏離，他猜測只有一個可能：自己連最標準的辦公室禮遇，都已不配擁有，八成要被炒魷魚了，恐怕還是很難堪的走法。布萊恩不曉得如何判讀艾德芮兒的媒介選擇，所以假設了最壞的情況。

想周延回答就用電子郵件

轉換媒介可能意味著訊息的急迫程度改變了，甚或表示關係的親疏程度有了變化。我小時候，當醫生的父親總是隨身攜帶呼叫器，每次嗶嗶聲傳來，我們兄弟姐妹就明白，父親必須立刻回他的書房去打電話，請醫院照料他的某個病患。當年我也有自己的工具，那就是AOL即時通（AOL Instant Messenger，按：又稱AIM，已於二〇一七年停止服務）；我還有自己私人的緊急代碼——如果閨密透過該軟體發「911」這個訊號給我，表示要我立刻打家裡的電話給她，因為她有最新的八卦要告訴我。

當我們花時間傳簡訊、打電話，甚至跑到同事的辦公室說一聲：「做得好！」都是在傳達連結感與尊重。可是如果上司發電子郵件讚揚某項專案，卻跳過稱讚專案負責人「做得好！」這個環節，甚至連續發好幾封簡訊問東問西，那麼這個部屬一定會懷疑是不是哪裡出錯了。

上司這一連串詭異、一股腦兒的追問是怎麼回事？專案是不是有問題？為什麼上司要這樣連珠炮似的溝通，害得部屬根本沒時間檢查問題或回覆訊息？有鑑於做上司的比你資深（不然就當不了上司了），做的事、說的話都比較有分量，所以一旦促使改變的是上司時，做部屬的就會覺得更加急迫。

話雖如此，一旦媒介轉換得當，對每個人都有好處。任何主管（或員工）都可以自行選擇改用別的媒介，藉此重新控制內部請求（inbound request）。舉例來說，如果你剛收到一則簡訊，心裡想要緩一緩，把自己要給的答案徹底想清楚，再透過電子郵件回覆對方，這樣等於是傳遞一個明明白白的訊息：你採用比較周延的方式，來處理眼前這項議題。換個場景，假如你是主動接觸對方的人，那麼**選擇對方比較喜歡的媒介來發送請求，就能建立更好的連結**（很可能也會得到更滿意的答覆）。

最後，有些時候你會意識到自己選錯了媒介，那就到此為止。舉個例子，你和對方用電子郵件你來我往三個回合之後，意識到你們對話的細節太複雜了，只能即時討論，這時比較好的方式是重新安排一次視訊通話，或是面對面開個會。

你也有電話恐懼症嗎？越年輕越嚴重

幾年前，我結識同行愛麗莎（Alisa），大多時間都透過電子郵件與她溝通。有一次，我們說好星期六一起吃晚飯，後來我臨時有事，需要延後飯局，重新再約時間。那是我三週內取消的第三次約會，我覺得很不好意思，不想再傳一次電子郵件給愛麗莎，怕她覺得我這個人老是放別人鴿子，所以我直接打電話給她。由於她沒有接聽，我就留了一段語音留言，兩個小時後，愛麗莎傳簡訊給我：「發生什麼事了嗎？」我告訴她得取消星期六的晚餐後，她鬆了一口氣。後來我才知道，愛麗莎以為發生了什麼嚴重事故，否則我怎麼會突然改變平常使用的通訊媒介？

我們大多數人都很熟悉這種令人受不了的情緒衝擊——和通訊內容（說了什麼或沒說什麼）相比，通訊方式和通訊時間的模式改變，才更令人煩惱。**當我們碰到沒有預料到的數位肢體語言時，經常會假設最糟糕的情況，但其實大多時候根本什麼事也沒有**——我將訊號詮釋錯誤了；而我只是太焦慮了。

當我和愛麗莎終於碰面時，她承認自己有「電話恐懼症」。身為四十幾歲的女性，她早就習慣用簡訊與電子郵件和同事、朋友通訊，萬一電話突然響起，愛麗莎就會感到慌張，甚至到達恐慌的地步。

其實她並非特例，**我們很多人從兒童、少年時期，就開始以即時通訊和簡訊作為主要溝通形式，且慣於掌握回覆簡訊與電子郵件的時間和方式，所以突然接到電話時，簡直就像碰到人行道上一顆即將引爆的炸彈。**這時候我們會感到脆弱、猝不及防，甚至覺得受到侵犯，尤其是在尚未先透過電子郵件和對方建立起關係的情況下。

我們都有自己比較中意的媒介——最受歡迎的當然是簡訊——也有討厭的媒介，像是視訊會議軟體 Zoom 或打電話。

二十五歲的莎拉（Sarah）在廣告公司上班，有一次抱怨上司所選擇的媒介令她深感挫折：「每次我用電子郵件寄報告給上司，他就打電話來向我評論報告和問我問題，而不肯乾脆的回我電子郵件！吼！」莎拉的惱怒和愛麗莎的電話恐懼症雷同，理由是在沒有預警的情況下接到電話，令她「措手不及、下不了臺」。

不過也有些人覺得，打電話比傳電子郵件來得更有效率，而且比較私人，合作起來更方便。這種說法是對的，不過有但書——儘管電話和視訊通話算是很受歡迎的媒介，但它們也導致了使用者肆無忌憚的一心多用，分心做其他事情，更別提它們特有的問題：對話過程中難免碰到話音停頓，造成彼此溝通不良，如果雙方是第一次對談，那就更麻煩了。

「嘿！你聽得見我的聲音嗎？」

「……什麼？……噢，對，我聽得見！嗨！」
「我是說能不能……噢，太好了！那好，我們就趕快來……」
「什麼太好了？」
「唉……我覺得我們的線路延遲了……。」
「……對啊……。」

視訊開會，有人愛搶話，有人停頓太久

二〇〇〇年代初期，電視上播過一系列威訊無線公司（Verizon）的廣告，我的年紀夠大（也可以說夠輕），所以還記得。廣告裡有個代言人站在一片玉米田裡，手裡緊抓電話，下一幕鏡頭轉到一艘在哈德遜河（Hudson River）上行駛的船隻，然後又轉到兒童遊樂場，最後是白雪皚皚的山頂。代言人對著電話不斷吼叫：「你聽得見我的聲音嗎？」好吧，如果他在二〇〇一年使用 2G 手機打電話，對方都能聽到他的聲音，那麼今天我在自家客廳使用 Zoom 來通訊，為何反而聽不見別人在說什麼？原來科技永遠有所局限。

米塔．馬利克（Mita Mallick）以前在聯合利華公司（Unilever）擔任多元與包容部門（Diversity and Inclusion）的主管，目前任職於軟體公司 Carta。某次在一場二十五位同事

參加的 Zoom 視訊會議上，馬利克想要發表意見，後來她說：「我大概被打斷了三次，等我重新開始說話，又有另外兩個人同時開口，打斷彼此的發言。」最後她勉強插話進去，卻無法評估任何參與者的反應。即使馬利克在會議中開了個玩笑，結果也一樣——有人笑嗎？大家同意她提出的觀點嗎？所有人目光空洞的樣子是什麼意思？

使用微軟 Teams 和 Zoom 這些視訊會議科技（甚至是打電話）的時候，線路傳輸延遲讓情況雪上加霜。我們說話時會在句子和句子中間停頓，希望看見同事點頭鼓勵，如果大家都沒反應，沉默可能著實令人難以忍受。如果「不停頓」，就得冒著無意中打斷別人說話的風險；如果「停頓得太久」，視訊會議上每個人都會漸漸變得安靜無聲。

線路傳輸延遲不但浪費大家時間，還改變了人們互相理解的方式；更糟的是，視訊通話的運作機制，意味著參與者要麼看著顯示其他人的螢幕，要麼看著對準自己的視訊鏡頭，而不能兩者兼顧，因此無法和其他人目光交會。

這裡提供幾項建議。利用 Zoom 或 Webex 之類的軟體或程式開視訊會議之前，要先弄清楚一件顯而易見的事：**視訊通話這個模式本來就很難搞定，這不是誰的錯，只是科技使然**。為了將這種困難降到最低，可以要求所有與會者開啟鏡頭，以及要求大家舉手，作為想要發言的訊號，並保持背景中沒有令人分心打岔的事物。還有別的訣竅嗎？有，那就是控制停頓。你發言完畢之後，要詢問大家是否都了解你剛剛所說的內容？有沒有問題？**如果有問**

題，就先群組討論，然後等個兩分鐘，你再開始答覆這些問題。這麼做堪稱一舉兩得，一方面掩飾線路延遲，另一方面讓與會者討論與陳述他們的問題。

依照組織文化不同，團隊所選擇的媒介也會不同，但所有領導者都應該為自己的團隊設定合理、易於遵循的規範。整體而言，不論由誰負責選擇媒介，都必須花時間分析團隊使用數位媒介的情況，並詢問團隊的經驗，看看哪裡最容易造成誤解或窒礙，然後清理出一條前進的路徑。

不論使用哪一種媒介，務必尊重界限。一般來說，非緊急事宜可以等到上班時候再處理，假如是在合理的工作時段（早上七點～晚上七點）之外，透過電子郵件緊急發送關於第二天要開會的訊息，很可能得再用簡訊通知。如果你發出第一則或第二則訊息後，一時沒有得到回覆，也要避免一口氣連發十幾則即時通訊。處理定向更新事宜或工作需求時，可以選擇電子郵件，如此也能保證留下通訊紀錄；至於較深入的協調討論與決策事宜，最好透過電話或視訊會議溝通。

這些界限規則當然都有例外。例如明天和客戶開會的時間突然更改，那麼就算是晚上十點，快速發個簡訊通知相關人員也是情有可原。不過如果你打算越過界限，應該有非常好的理由才這麼做，別養成越界的習慣，畢竟**習慣性越界，是害團隊精疲力竭的最短捷徑**。

我該發電子郵件、簡訊，還是直接和對方通電話？

選擇媒介之前，下列這些問題可以指引你：

- 我想要來個快速對話嗎？
- 我的訊息是否涵蓋許多細節？
- 我多快需要答案？
- 我與收件人的關係有多麼正式或非正式？

（關於影響媒介選擇的因素，第5章將會更深入探討。）

「好！」和「好……」，誰更願意幫忙？

至於標點與符號（表情符號、主題標籤〔hashtag〕、縮寫等），是新的情緒測量標準。舉例來說，同事傳給你一封簡訊：「你把計畫傳給傑森（Jason）！」然後你打了一些字，刪掉再重打，心裡的想法變了五、六次，仍然不曉得要怎麼回覆對方。為什麼你會對這麼不重要的事緊張兮兮？因為底下圖中四個選項的意義都不同，而且差別極小。

誠如我在導言裡所說，**人們面對面溝通時，必須依靠多種線索來理解對方，其中非語文線索（如臉部表情、手勢、音調、音高）就占了四分之三**。我們都曉得，電腦螢幕將這些和其他訊號、線索都過濾掉了，剝奪掉許多專屬於人類的特質，迫使我們去適應電腦的情緒邏輯（假如真有這東西的話）。

為了補償這個缺憾，我們的語言變得隨便多了。譬如錯過視訊通話、或是臨時取消午餐約會之後，我們可能會傳這樣的訊息給對方：「我非常、非常、非常非常非常抱歉！！！！！！」而不是老掉牙的「對不起」三個字，不僅將語氣注入文字當中，同時避免掉可能的誤解。

為了進一步闡明自己的感覺，我們發展出符號內容，包括表情符號、主題標籤、按讚和LOL（「哈哈大笑」的縮寫）。可惜這些內容不但沒有達到闡明的作用，反而令大

你把計畫傳給傑森！
好吧……
你把計畫傳給傑森！
好。
你把計畫傳給傑森！
好的！
你把計畫傳給傑森！
好嘞

多數人更困惑了。

＊　＊　＊　＊　＊

布羅迪（Brody）和潔西卡（Jessica）是同一家公司的新進員工，布羅迪以前在新創公司上班，潔西卡先前任職於大型法律事務所。最近公司指派兩人合作一項新計畫，沒想到潔西卡很快就被新同事惹毛了。

為什麼？這個嘛……布羅迪有個習慣，喜歡發文字簡短的電子郵件，裡面卻又塞滿表情符號和縮寫字。反觀潔西卡，回覆時文體既正式又專業，也不會用到表情符號和縮寫字，藉此，她希望布羅迪領會其意，以後寫信不要再那麼隨便。

布羅迪確實明白了潔西卡想傳達的訊息，但沒有如她希望的那樣改變風格；他認定潔西卡太過死板——簡直是無趣、欠缺特色、蠻橫的女王蜂。相較之下，布羅迪一向愛用愛心、笑臉、給人熱情洋溢感的標點符號，他認為這些東西代表他平易近人、友善、友愛，但是看在潔西卡眼裡，她只覺得無禮且放肆。布羅迪和潔西卡持續激怒對方，直到計畫終於結束，此時兩人已經開始在整個組織裡惡言相向。

其實他們沒有誰對誰錯，兩人各有自己的溝通風格，然而我和潔西卡的看法不同：**表**

情符號和標點符號都是很有用的工具，可以將情緒灌注到原本平淡無趣的數位通訊之中。即使在使用 Zoom、Webex 視訊通話時，聊天頻道、按讚等工具，也能傳達使用者的活力甚至人性。

想想你自己是怎麼使用標點和符號的？你希望和傳訊對象之間的關係朝什麼方向發展？如果你追求正式的形式，對使用過多符號感到不自在，那麼就堅持只寫事實，句子結尾儘管使用句點。

此外，**如果你上司或客戶的數位肢體語言，風格較為正式，那麼我建議你在回覆訊息時，應該仿照對方的正式風格**；反之，若你想建立親密感，而對方似乎也能接受，那就盡情使用你那些笑臉符號和 LMAO（「笑死我了」的縮寫）吧！

驚嘆號讓我情緒滿滿！！！！！！！

我很喜歡電視劇《歡樂單身派對》（*Seinfeld*）的某一集，劇情是圖書編輯伊萊恩（Elaine）有一天回家，發現男友杰克（Jake，也是她手下的作者）替她把電話留言寫在本子上……。

伊萊恩：我很好奇你為什麼不用驚嘆號？

杰克：妳指什麼？

伊萊恩：你看，你在這裡寫著：「麥拉（Myra）生了。」可是你沒有用驚嘆號。我是說，假設是你很好的朋友剛剛生了孩子，換作我幫你留言，我一定會用驚嘆號。

杰克：好吧，也許我用驚嘆號不像妳那麼隨意。

這就是讓人煩惱的地方——過去驚嘆號一直用得很少，甚至有人從來不用，這種現象直到簡訊和電子郵件出現才有所改變。如今我們該怎麼對待這個絕大多數人鄙視過的標點符號？驚嘆號捲土重來，可以說是標點符號史上最曲折離奇的復辟（按：此指重新恢復原有地位），而對於不怎麼跟得上時代的人來說，這是個值得警惕的故事。

傳統上，驚嘆號有三個基本意思，包括緊急、興奮、強調，而現實中，皺眉或揚眉、敲手指、語速加快，都能傳達這些訊號，如果真的很興奮，可能整個人還會上竄下跳。

@springroove
成年人的電子郵件文化，是每個句子都用驚嘆號結尾，寫完之後再回頭校閱一遍，然後根據社會的接受標準，看看可以留下多少個。

P.M. 3:42，2019年2月20日，推特

（原文出處：https://twitter.com/springrooove/status/1098337153648611329?lang=en）

今天的簡訊和電子郵件內容充斥驚嘆號，寫信的人用它們來傳達善意。驚嘆號在電子郵件中已經變得不可或缺，不善用的話，人家可能會認為寄件者無禮或冷漠。在電子郵件的第一句末尾使用驚嘆號，可以營造暖心的情緒，呼應郵件裡的其餘訊息。

當今濫用驚嘆號的做法，有時候是吸引、維持讀者注意力的一種方法。基本上，加上驚嘆號的句子等於對著人大叫：「我正在跟你說話！」不過數位原住民（按：生產環境充滿各式數位產品的世代）使用驚嘆號時，遠不如前人那麼苦惱，也沒有蘊含那麼多意義。對他們來說，使用驚嘆號幾乎是表達友善的必要之舉，比起表達『我們車庫裡有隻一呎長的大老鼠！』，更像是「我帶著善意而來」，而且**女性比男性更常使用驚嘆號，把它當作文字版的點頭、微笑、開懷大笑**，這在女性友誼中十分常見。就像我的朋友凱倫（Karen）有一次對我說的：「作為女性，寄一封沒有任何驚嘆號的電子郵件，是最駭人也最刺激的事。」

當然，驚嘆號和任何事物一樣，都是過猶不及。舉個例子，希拉（Sheila）寫了一封電子郵件給蓓菈（Bella），想討論團隊的一項新工作，可是蓓菈兩個星期之後才終於回覆道：「抱歉這麼晚才回信！！！！」然而希拉心裡有氣，根本懶得回覆。「說『抱歉這麼晚才回信』然後加了四個驚嘆號？真是假惺惺。」在希拉看來，太多驚嘆號表示矯情和假裝熱情，她的想法對嗎？

雖然一般人對驚嘆號的詮釋是正面的，不過大部分作者、編輯和傳統的寫作指南都建議，應該和過去一樣注意使用時機（意即大家應該試著完全不用驚嘆號）。假如你使用驚嘆號（其實今日人人都這麼做），那就應該謹慎使用，因為**如果情況嚴重，可能會被對方詮釋為過度熱情，甚至被當成幼稚、不成熟。**

驚嘆號，用一個就好！

◎驚嘆號寧可少用，也不要多用。

一般來說，我們使用驚嘆號，是為了要特別扯著嗓門說些什麼，甚至是特別和善的說些什麼。《辦公室和家庭郵件寫作指南》（*Send: Why People Email So Badly and How to Do It Better*）的共同作者威爾．史沃比（Will Schwalbe）寫道：「驚嘆號是設法增加刺激或趣味的最快速、最簡單方法。」驚嘆號為文字增添速度感，同時是傳達誠意的標記，表達「這真的、真的是我的肺腑之言！」，連續用三、四個驚嘆號更是如此：「你是在諷刺什麼嗎？不是！！！！」但是要小心，使用大寫字母（按：使用中文時，可以想成用粗體字表達）加上驚嘆號，或在有壓力的情境下使用，也可能是呈現出大聲咆哮的樣子：**不是！！！！**

以我的經驗來說，只要是超過一個驚嘆號，都不太好處理。

簡言之，驚嘆號寧可少用，也不要多用，這樣比較安全。

◎同是驚嘆號，男女使用大不同。

研究顯示，女性覺得自己若要表現得友善、溫暖、可親，就非用驚嘆號不可，反觀男性比較傾向用驚嘆號來表示急迫性。

然而，不使用態度親和的驚嘆號，就足以激起他人警惕。

我認識一個業務員，她習慣用OK來回覆團隊成員的電子郵件，讓對方摸不透她究竟是心有同感，還是自己在辦公桌前默默咬牙切齒。後來她明白過來，開始把回信中的「OK」改成「OK，太棒了！」，一舉提振團隊成員的信任感和同伴情誼，團隊動力因此大為提高。第8章將會進一步探討這個主題。

不同數量的驚嘆號的含意

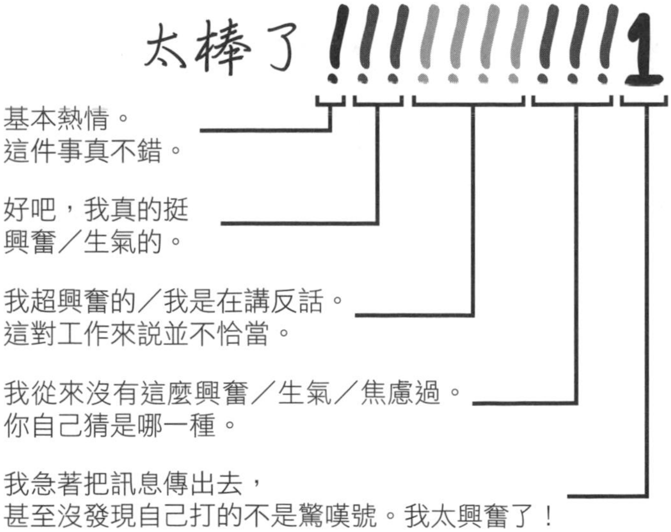
太棒了!!!!!!!!!!1
基本熱情。
這件事真不錯。
好吧，我真的挺
興奮／生氣的。
我超興奮的／我是在講反話。
這對工作來說並不恰當。
我從來沒有這麼興奮／生氣／焦慮過。
你自己猜是哪一種。
我急著把訊息傳出去，
甚至沒發現自己打的不是驚嘆號。我太興奮了！

表情符號也會惹爭議，小心被告

表情符號不只是簡單的笑臉，還為我們流行的數位通訊提供質感和脈絡。肢體語言相當於什麼？實際來看，差不多相當於人的臉孔。在真實世界中，我們用手掌、手臂的姿勢與音調（高亢代表快樂；粗啞代表生氣；激動代表熱切），來補充表達情緒。表情符號其實就是一些小小的臉孔，專門設計來模仿人類臉孔的各種情緒。

二〇一五年，《牛津英語詞典》（*Oxford English Dictionary*）公布年度選字：「含淚大笑的表情符號」，也就是大家熟知的😂。大眾對這項決定的評價褒貶不一，有些人認為宣告一個愚蠢的笑臉為一個「字」，是在侮辱英語；另一些人卻很捧場，認為這是開發一種普世共通語言的第一步。我相信表情符號攸關提高職場效率、培養公司追求事事明確的文化，即使是高階主管，也應該在辦公室互動中利用表情符號，表現出自己的語氣。

如今，哪怕是最擅長溝通的人，也已經把表情符號當作必要的捷徑，不僅用在簡訊和團隊聊天工具上，也用在簡報、視訊會議討論、電子郵件上。像這樣用表情符號表達自我，好處是更迅速、更活潑、更多彩多姿。話雖如此，可當我們依賴表情符號以取代真正的文字時，往往製造出更多困惑。

據統計，人類每天會傳送六十億個表情符號，平均每個人每二十四小時會傳送九十六

個。不僅是《牛津英語詞典》，學術界也注意到了這個現象。印第安納大學（Indiana University）資訊科學與語文學教授蘇珊・賀琳（Susan Herring）指出：「我們正處在語言發展的新階段，越來越多圖案表現，融入網路語言之中，例如表情符號、GIF動圖、貼圖、梗圖。」二〇一五年，雪佛蘭汽車公司（Chevrolet）新車發表會上發布的新聞稿，從頭到尾都由表情符號組成。雖然這明顯是個噱頭，但仍彰顯出表情符號或多或少可以視為普世通用語言了。

儘管如此，短期內表情符號不會變成任何人的首要語言，它們依然比較接近俚語，用來強調實際文字，而不是取而代之。此外，如果闡明意思是溝通的目標，表情符號或許沒有我們所認定的那樣受到普遍接納。

首先，你在**使用表情符號時，務必視不同接收對象來調整**，這一點極為重要。什麼時候笑臉只是笑臉，還有什麼時候，笑臉表示有力的未來承諾，這個你曉得嗎？當以色列房東雅尼夫・達罕（Yaniv Dahan）接到兩位有意租房的房客傳來一連串帶有笑臉的簡訊，他以為自己找到了理想租戶，畢竟對方又積極、又熱情！他

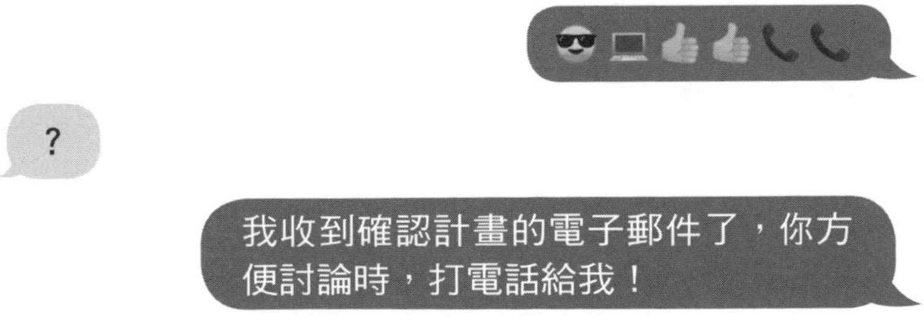
?
我收到確認計畫的電子郵件了，你方便討論時，打電話給我！

們的簡訊洋溢著樂觀甚至喜悅——一張笑臉😊、一瓶香檳🍾、一對跳華爾滋的男女💃🕺。

雙方又交換了幾則充滿表情符號的簡訊之後，達罕決定把公寓租給他們，並等待對方來簽約。他等了又等，最後終於意識到這一對理想的房客放了他鴿子，他們可能頂著笑臉、手臂夾著香檳酒瓶，就這樣跳著華爾滋遠去，神隱不見蹤跡。

一般人碰到這種情況，大多自認倒楣，可是達罕拒絕接受；他訴諸法律，將那兩個熱愛表情符號的房客告上小額索償法院，法官判他們兩千兩百美元罰鍰，而其判決非常簡單：這對男女「不講誠信」，利用表情符號「誘騙」達罕產生虛假的安全感。法官還說：「**這些符號向另一方傳達『一切沒問題』的訊息，這麼做誤導了對方**，因為被告當時已經極不確定自己是否會租下公寓。」換句話說，傳送錯誤的表情符號不僅可能付出溝通謬誤的代價，還可能損及荷包，所以必須謹慎為上。

當你決定不了要不要使用某個表情符號，或是不曉得該如何詮釋表情符號時，不妨想一想：使用這個符號，你感到自在嗎？

我曾經和一個團隊合作，其中四名成員透過團隊聊天工具，協力進行一項國際研究計畫。每次詹姆斯（James）提出新構想，艾薇（Ivy）都貼個笑臉來回覆。每次！這些簡短的符號回覆讓另一位成員約翰（John）起疑，艾薇究竟是什麼意思？她是真的感到興奮嗎？還是在諷刺？但事實上，艾薇只是用笑臉來簡略表達支持，而她和中國友人經常這麼做。

豎大拇指可能是比讚，也可能是「去你的」

◎表情符號不是年輕人的專利。

表情符號不是「年輕人」的專利。當然，因為兒童和青少年需要強調與眾不同的個人色彩，所以從以前就意圖要自由表達和創新使用語言；反觀年長的世代，幾乎總是被動接納年輕世代的新語彙，表情符號也不例外。起初「超讚」（Super）、「是我錯」（My bad）、「好猛」（Awesome）聽起來很突兀或幼稚，可是現在不管什麼年齡的人都在用。能夠容許員工使用「是我錯」這種說法的工作環境，也都會接受資深主管使用笑臉符號。

◎三思而後貼表情符號。

務必了解一件事：根據你的性別、文化、國籍不同，你所使用的表情符號也會受到不同待遇。最近有一項研究顯示，濫用表情符號暗指個人工作能力欠佳，尤其年輕女性，更容易遭到不公平的影響。

此外，西方國家認為豎大拇指的表情符號「👍」表同意或稱讚，但在奈及利亞、阿富汗、伊拉克、伊朗等國家，豎大拇指代表「去你的」，通常被視為粗鄙、冒犯、不良之意。

使用表情符號和方言或地方腔調一樣，一般認為可以指涉「地理位置、年齡、性別、社會階級」。舉例來說，有些國家眼中的茄子表情符號「🍆」，意思就如同它的長相：奇形怪狀的黑紫色植物；然而在另一些國家，譬如美國和愛爾蘭，人們用茄子表情符號代指男性生殖器。第9章會更詳細的破解表情符號的世界。

被句點搞瘋——那句「好。」是在生氣？

以前，除了逗點之外，句點大概是世界上最無趣的標點符號，只用來放在句子結尾。現在，同樣的句點居然比其他標點符號走在更尖端，發展出截然不同的意義：冷漠、暴怒，其實和憤怒的表情並沒有兩樣。

句點和其他標點符號不同，在整個數位溝通的世界中體現出一種被過度放大，而且往往並非故意形成的意義。想像某人傳簡訊給你：「今晚你能幫我遛狗嗎？」你回覆：「好」，聽起來有些猶豫。不過如果這樣回答：「好！」你傳達了興奮甚至渴望之情（你愛那隻狗！）。最後一種是：「好。」它的意思大概是：「我可以幫你照顧狗，可是這樣我就必須取消我的晚餐計畫，你這樣開口請人幫忙還真討厭。不過我還是會幫你，因為我是你朋友，但是我會一直很不爽你，噢，還有，你欠我一次。」

二〇一六年時，心理學者丹妮爾．古恩拉吉（Danielle Gunraj）進行一項研究，她給一群受試者看一句用句點結尾的簡訊，然後又給同一群人看手寫字條，一樣是以句點結尾，最後比較他們前後的觀感。古恩拉吉發現，**句點結尾的簡訊訊息比較容易被視為不真誠，至於手寫字條上的句點，則不影響受試者判斷其真誠與否。**

同樣的發現並沒有延伸到電子郵件。**電子郵件裡的句點和我們在真實世界的用法相同，並不會令人覺得寄件者在生氣或顯得不真誠。**

我的朋友艾莉雅・芬格（Aria Finger）是非營利組織「做一點事」（DoSomething.org）的前執行長，她的個性是出了名的活潑和友善，寫信給部屬時常常使用表情符號、驚嘆號，甚至偶爾也會用GIF動圖。最近艾莉雅透過團隊溝通軟體Slack急匆匆回覆一則訊息，倉促間她只打了個「OK。」，應該沒問題，對吧？當天稍晚，她的助理告訴她，同事們覺得艾莉雅的「OK。」涼透了他們的心，收到信的人

今晚你能幫我遛狗嗎？
好！
今晚你能幫我遛狗嗎？
好。
今晚你能幫我遛狗嗎？
好……

都以為艾莉雅在生他們的氣。因為相信自己了解艾莉雅的數位形象，所以這麼突兀的回覆，就足以震驚到大家。你該謹記這個重點：朋友或同事的簡訊若用句號結尾，通常會被視為有攻擊性，值得提高警覺。

老一輩愛用刪節號……數位時代應避免

如果一個句點都讓人抓狂，那麼好幾個點連在一起（正式名稱叫刪節號），就可能引發更多疑惑。刪節號是不是暗示對方在提問？還是在陳述意見？這些點究竟是什麼意思？如果你收到含有刪節號的訊息，是否應該神奇的推敲出寄件者的意思？答案會有所不同嗎？

以上這些問題的答案，全都是「是」。一般來說，刪節號的用意是省略資訊，或期待別人接下來會提出問題或陳述。舉例來說，「不。」快速有力的切斷對話，「不……」則留下一個懸而未決的尾巴，以待後續。我見過一些案例，當事人把刪節號當作表達敵意的工具，讓對方沉思自己的過錯並改正（我不確定你有沒有收到我的電子郵件，因為我到現在還沒收到回信……）。另一些時候，發信人用刪節號來傳達幽默或諷刺。還有些時候，刪節號表示「撐下去」、「嗯」或「我不知道」。

刪節號是消極對抗意味最濃厚的標點符號，請小心使用

刪節號這些點，傳達了遲疑、迷惑、冷漠——這些後文會再詳談。刪節號暗指事有蹊蹺，可是你又不清楚是什麼。為了達到最明確的溝通，你應該避免使用刪節號，除非它們能有效指明某個未完成的念頭。

為什麼年長世代那麼愛用刪節號？判斷文字訊息的語氣已經夠難了，沒想到還要遭受「哈哈哈……」或「哈囉……」的襲擊。對於典型避用驚嘆號的長輩來說，刪節號感覺起來像是比句點更柔和的停頓，因為刪節號……緩緩淡出……可是對數位原住民（一九八五年之後出生的人）來說，閱讀網路訊息時看到刪節號，可能會感覺到一絲諷刺意味。

「你在辦公室嗎？」vs.「你在辦公室嗎？？？」

人人都曉得，在非數位書寫中，問號代表疑問、興趣，甚至是挫折，相當於真實肢體

語言的歪頭、瞇眼。

傳統上，問號總會帶來某種緊張狀態，譬如費南多（Fernando）在辦公桌前吃午餐，主管從旁邊走過來，問他：「你最近在忙什麼？」費南多聽到後的第一個念頭是：「主管是真的對我的生活有興趣嗎？還是在暗示：『你好像沒在做什麼事喔？』」或許主管的意思是：「你現在不應該做這個。」甚至是：「我有事情要交代你去做。」這樣一個大活人站在你辦公桌旁邊發問，自然是有表情、語氣、肢體語言可供參考，但如果對方透過電子郵件或數位聊天提問，那這些參考線索全都付之闕如，想要了解一個問號背後的潛臺詞，恐怕非常困難。

萬一問號不只一個，而是三個呢？？？五個怎麼樣？？？？？多個問號一起上場，傳達緊急、不耐煩，也可能是驚慌失措。舉個例子，如果朋友

不同數量的問號的含意

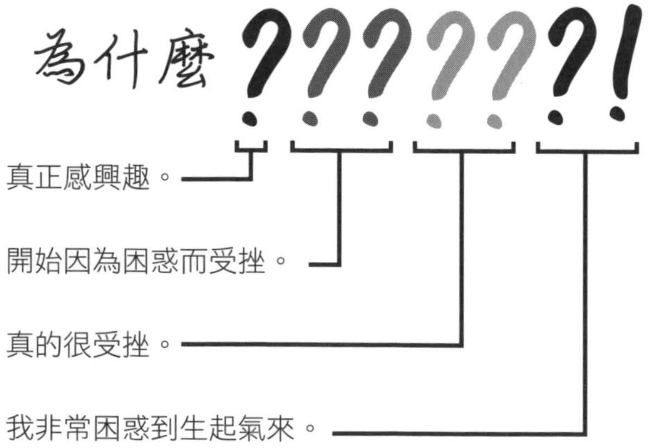
為什麼??????!
真正感興趣。
開始因為困惑而受挫。
真的很受挫。
我非常困惑到生起氣來。

傳簡訊給你：「你在辦公室嗎？」你大概不會多想，很可能她只是人在附近，想過來和你打聲招呼吧。可是如果簡訊寫的是：「你在辦公室嗎？？？」你恐怕會焦慮到胃痙攣。一般而言，**訊息裡的問號越多，問題背後的情緒就越緊張，此現象尤以女性特別明顯。**（第8章將會進一步探討這個主題。）

大寫字（粗體字）表事情重大

當你對某樣東西感到非常興奮，或是對即將發生的某件事情迫不及待，會怎樣表現？如果你像大部分人一樣，可能會彈手指表示：「走吧！」或者揚起眉毛、咬緊牙關，甚至大吼大叫。少了這些實質肢體語言，我們只好用全部大寫（ALL CAPS）來表達。

如果有人在傳給你的電子郵件上全用大寫字，你可能會詮釋對方含有敵意、惡意、怒意，但萬一寫信的人是自己的祖母，而且她兩個月前才剛學會用電子郵件，情況就不一樣了對吧？

一般來說，你在螢幕後面是什麼樣的個性，你呈現在螢幕上面的字句都會忠實反映。如果雙方之間的關係十分熟稔、信任度高，除了彼此都看得到的上下文之外，他們詮釋對方的訊息時，很可能也不太會誤解——即使傳來的訊息全部是大寫也一樣。

看看下圖的對話。

為了破解約翰訊息之中的大寫字（粗體字），我們首先需要了解約翰與收件者之間的關係。如果約翰和收件者是同儕，那麼他顯然相當自以為是；如果約翰和收件者是死黨，那麼他很可能態度隨意，而且打字飛快；如果約翰是你的上司，那麼……該死，你好自為之吧。

還有所謂的「混合標點符號」。

某天，蕾雅娜（Riana）接到上司泰瑞莎（Theresa）發來的一則簡短訊息：「蕾雅娜—妳可以不要在沒有徵得我同意之前，就寄送這些電子郵件嗎？！？」蕾雅娜一頭霧水，對於訊息中四處感到困惑：那短短一槓的連字號（hyphen，按：與破折號兩槓不同，連字號只有一槓）、斜體字、大寫字，還有？！？這組標點符號。

- 約翰　　10:02 AM　〉
  你今天能傳這個給我嗎
  這則訊息可能傳達出緊急或憤怒。
- 約翰　　10:02 AM　〉
  這是什麼意思？？？
  這則訊息可能傳達出興趣或挫折。
- 約翰　　10:02 AM　〉
  我們需要談談
  這則訊息可能是要求召開緊急會議，或只是想快速發出訊息。

（譯按：原文對話內容全部是英文大寫字，中文無法表達，故以粗體字標示。）

為什麼？因為她的上司很少使用這些花俏的字樣，所以蕾雅娜詮釋這封郵件時，認為對方一定非常生氣。事後她發現，每次泰瑞莎丟了大客戶，就會在電子郵件裡遷怒其他人，而這些都和自己沒有關係。

我們都應付過那些自己生氣就不分青紅皂白遷怒的人，當下有什麼工具就使出什麼工具——電話、筆、花瓶，或像前例中的標點符號，所有情緒都被包裹在連字號、斜體字、問號和驚嘆號之中！

使用全部大寫（全部粗體）的時機

- 為了避免收件者感到焦慮，請努力限制你寄發全大寫（全粗體）訊息的數量。
- 如果你工作時傳送的訊息都是打大寫字（粗體字），別人會覺得你是在大喊大叫，這只在逗樂大家時有用而已。
- 你與團隊通訊時，只在緊急狀況下使用全部大寫（全部粗體）。

回覆得越慢，對方越覺得被冷落

二〇一七年，佩姬・瓊絲（Paige Lee Jones，推特帳號 @paigeleejones）在推特上貼文吐槽自己最討厭這件事：「收到要求『緊急回覆』的電子郵件後，我在四分鐘之內回覆，不料竟然收到對方『度假中，不在辦公室』的訊息。」

面對面溝通或講電話時，我們平均只花兩百毫秒（也就是〇・二秒）來回應對方，而對話什麼時候結束，我們多半也很清楚，講完就轉身走開或掛斷電話。

然而面對面說話和打電話，需要雙方同時有空，這如今已較難做到，因為大多數人每天忙碌不堪，有些人還需要跨越好幾個時區和同事合作。事實上，這正是**數位溝通的一大優點——大家不必在同一時間、同一地點，同步即時對話。**

一般人回覆電子郵件的時間平均是九十分鐘，回覆簡訊的時間則是九十秒。數位通訊允許我們在自己方便的時候再和別人互動，但這也意味著回覆時間可能很……慢……很……慢……說實話，絕大多數人對於停頓和沉默都感到很不自在。「這麼安靜是怎麼回事？」、「有任何問題嗎？」大腦會找出一個又一個原因，來解釋對方為什麼沒有立即回覆，尤其是在雙方信任感低、權力動態失衡的情況下。

數位對話往往不同步，意思是雙方不見得「即時」展開對話。舉例來說，我發了一封電子郵件給你，這是你我對話的開端，但你很可能過了一小時、兩小時、三小時……甚至更久之後，才會接續這段對話。**非同步對話給我們更多控制權，決定什麼時候回覆、又要如何回覆**，可換作你是那個等待回音的人，回覆時間的落差就可能讓你感到焦慮。如果是員工傳來緊急求援的簡訊，結果五個小時之後才回覆，可能會令對方感到憤怒與孤立無援。

那麼即時通訊軟體中，一個對話泡泡中間打三個點又是怎麼回事？那是在告訴你某人正在打字，雖然很方便，可是當它活像一顆搏動的心臟（會不會就是你的心？），每一毫秒都感覺像永恆那麼長。等到對話泡泡忽然消失不見，你又懷疑對方是不是忽略你或忘了你，抑或來了個對方更有興趣的人，所以他才扔下你不管。

在仰賴數位科技的世界裡，哪怕只是訊息之間最短暫的停頓，也會被放大檢視。問題是，絕大多數時候，無回應根本不算什麼；也許對方剛好抽不開身、剛好在做別的事、沒有注意到有人傳訊息來、剛好關掉提示音效，或是忘記把手機放在哪裡。

有一天晚上，我和朋友約吃晚餐，眼看我就要遲到了，手機卻在這時沒電。我那幾個朋友已經抵達餐廳，見我遲遲不來，心裡越來越擔憂。其中有個朋友真的急了，打電話給我丈夫，於是換我丈夫連續打電話找我，結果每一通都轉接語音信箱。我丈夫在銀行上班，在他的世界裡，每一件事情都要求迅速回覆（他的手機電量從來沒有掉到五〇％以下過）。這下子我丈夫變得非常憂慮不安，馬上放下晚餐，迅速橫越城區去見我那些朋友，打算一起搜尋我的下落。

你能想像這種事發生在十年前嗎？十年前不會發生這樣的事，因為如果有人一個小時之後仍然沒有回覆你的訊息，你會再等一個小時——反正世界還是照樣運行。

反觀今日，數位沉默有了新的意義，而且可能帶有威脅。在工作場所中，比起使人憂慮，**沉默更令同仁和工作夥伴感覺受到冷落——尤其是已讀不回的情況**。我一個朋友說過：「我永遠不確定對方究竟讀了沒有。如果讀了，為什麼不回？他在生我的氣嗎？還是故意忽視我？」我問她有沒有想過對方正在忙，或是需要時間想清楚再回覆？她回答：「有啊，可能吧。我只知道很多人不回訊息，目的是讓你知道他們在生你的氣。」

你認定對方是故意找你麻煩，但對方其實很可能沒在生氣，他們通常根本沒想到你！想一想，和你通訊的對方或許真的只是太忙碌，就像我的客戶莎拉（Sarah）所說的：「有時我之所以不回覆，是我沒有空給出得體的答覆，所以我會先拖一下子。後來我忘了這件事，導致對方以為我不夠在乎，所以才不回覆，其實我反倒是太在乎了。」

《紐約時報》引述了知名數位行銷顧問亞當．伯蒂格（Adam Boettiger）的話：「我們發現**越來越多人選擇不回覆訊息，而非禮貌的拒絕對方**。他們刪除對方寄來的訊息，希望事情就這麼算了，就像有人到你家來按門鈴，而你假裝自己不在家一樣。」

一般人可接受的回覆時間是多長？

- 一般認為收到電子郵件之後，在二十四小時內回覆，都算是可以接受的禮數。
- 如果是簡訊和即時訊息，上班時間內應該迅速回覆，否則對方可能認為你這個人粗魯無禮、故意冒犯。
- 如果在合理的工作時間之外收到訊息，你可以選擇忽視，等到上班時間再說。假如這種情況鮮少發生，你可以考慮快速回個訊息，提醒對方你會晚一點回覆。就算只是很快回一句：「了解！我星期二以前回覆你。」也勝過讓對方痴痴等候你的完整答覆。

每一種媒介（簡訊、電子郵件、電話、視訊通話等）都有自己內建的計時觀：回電子郵件比回電話快，回簡訊又比回電子郵件快。儘管大家隨身攜帶手機，可是打電話的時機確實有好壞之分。若沒有事先約定，**理想的致電時間是整點過後二十分或五十分**（比如九點二十分或三點五十分），因為一般約定打電話的時間不是整點（譬如十點、兩點）就是半點

（例如十點半、四點半），等他們講完這些電話，差不多就是二十分鐘之後。

上班日正常上班時間，特別是早上，最適合發電子郵件，因為這個時間最容易收到回覆，並安排後續的視訊通話。如果是週末和下午，就要有心理準備，會收到較簡短的回覆。

簡單明確的通訊，有助於減輕回覆時間所帶來的焦慮。**當你在不恰當的時間傳送電子郵件，記住要簡單加註：**「明早回覆即可。」要是你比較晚才回覆訊息，可以考慮直接說明為何有時間落差：「感謝您上個月的好心提醒！自從收到訊息，我這邊快忙死了，所以才遲遲沒有回覆您的電子郵件。我向您致歉！」如果是涉及工作的重要電子郵件，道歉更要誠心：「我很抱歉錯過這次機會，未來我一定會反覆檢查，確認有發送訊息給您，以保證這種事情不再發生。」

設定自己的界限和通訊規範，絕對是合理的做法。

收件者、副本、密件副本、全部回覆，到底該寄給誰？

把電子郵件想成一場體育賽事，你自己和其他放進「收件者」欄的是運動員，如果你不傳送副本或者密件副本給任何人，那就還是練習狀態，你們在比賽前聚會，或是和朋友丟接球。可是你一旦在「副本」欄中加入觀察人員的名字，其他人忽然就開始填滿觀眾席了；萬一你又在「密件副本」添了人，就等於把球探、教練、招募人員都塞進貴賓席。

從這時開始，牽涉到的利害關係便越來越龐雜，假如你選擇只回覆某一位運動員，那就是你與他的私人對話，其他人都聽不見你們說什麼；反之，如果你選擇「全部回覆」，那就彷彿透過架高的擴音系統放送聲音，整個運動場的人都能聽見。

要寄送副本和密件副本，本來就很棘手。我有一個客戶簡寧（Janine）這麼說：「我常常想要和上司分享電子郵件，供她參考。可是**寄密件副本給她，好像我在邀請她暗中監看我的對話，寄副本則讓別人感覺我想炫耀或爭功**。我寧願先傳送原始電子郵件，然後轉寄給上司，這樣看起來就像我照平常方式傳送了一封信，後來覺得需要把

寄件名單怎麼列名？

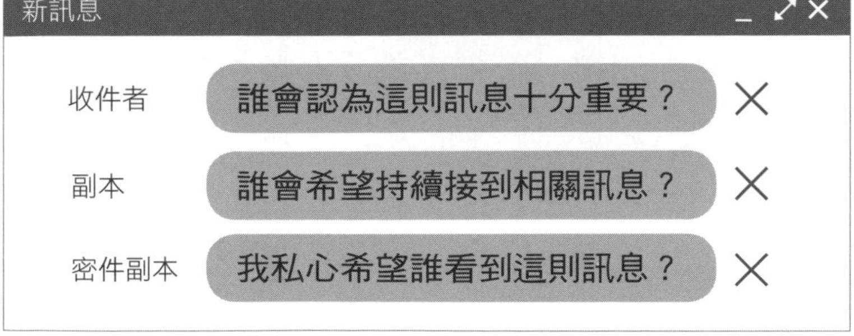

主管拉進訊息圈、知會相關內容，才又把信件轉寄給主管。」遺憾的是，簡寧擔心遭到批評，以及她對副本和密件副本的詮釋方式，最後反而給她帶來了更多麻煩。

我的另一些客戶最害怕「全部回覆」這項功能（理由還相當充分）。史帝夫（Steve）解釋：「我比較喜歡透明化。我的工作需要我寄發群組電子郵件並取得回饋，然而無論怎麼做，老是有些人想要全部回覆——就算我在電子郵件一開頭就用全大寫黑體字標示『**請勿全部回覆**』，他們依然故我。所以現在我只好使用密件副本來保護每個人的收件匣，以免被那些不請自來的全部回覆信件塞爆。」

我與某組織共事期間，對方特別提醒我寄電子郵件時，千萬不要點選錯誤，不然可能造成嚴重後果……寇琳（Corinne）在這家公司工作了將近七年，她經常被一個特別刻薄的同事梅里薩（Melissa）找麻煩。其實寇琳不是特例，整個組織的所有團隊都曉得梅里薩這個人有仇必報，可是她的地位穩固，且離退休還有好幾年時間。寇琳覺得和梅里薩共事有害個人身心，然而她熱愛自己的工作，所以決定咬牙忍耐。

某個週五夜晚，寇琳工作到很晚，忽然收到消息：管理階層終於搞清楚狀況，打算開除梅里薩。她盡力掩飾心裡那股興奮，迫不及待想看到週一上班時，同事聽到消息的反應。

週日晚上，寇琳檢查自己手機上的行事曆和電子郵件，為下週做準備。這時一封電子郵件跳出來，主旨為：「令人興奮的新進展！」內容與公司正在進行的新計畫有關。此時寇琳還因為週五收到的消息，整個人飄飄然，一時衝動將信轉寄給跟她十分要好的同事，還加了一句評語：「哈！我還以為令人興奮的新進展，和梅里薩被炒魷魚這件事有關咧！！」

兩秒鐘之後，眼看寄出的電子郵件出現在自己的收件匣中，寇琳真的慌了。她越來越害怕，接著快速瞥了收件欄，以及她在下面寫的評論：「哈！我還以為令人興奮的新進展，跟梅里薩被炒魷魚這件事有關咧！！」她搞砸了——由於誤按全部回覆鍵，現在規模約五百人的公司裡，有超過三百人都收到了這封信。

寇琳在驚慌失措下，趕緊拜託一位資訊科技業的朋友，幫她撤銷那封郵件，可惜未能如願；接著她嘗試打電話和傳簡訊給頂頭上司，也沒得到回覆。那一晚，寇琳輾轉反側、痛苦不堪。當她隔天一早抵達辦公室，立刻被叫去人力資源部門，然後當場遭到開除。

寇琳不久後就找到新工作，可是這次經驗，給她留下了永遠無法抹滅的傷痕。「現在我寄發每一封電子郵件之前，都要檢查三遍，而且絕不再用私人電話處理公事！」她說。

在絕大多數工作場所中，使用全部回覆、副本、密件副本都有其必要，可是你必須問一問自己，誰真的需要列名其中？這牽涉到分辨能力，因為有些人堅持什麼事都要插一手。**使用全部回覆時，應該限於你想要與整個團隊分享的優先資訊，如開會、公告、議程、事關組織整體的資訊**。還有，永遠要知曉你與收信人之間的權力動態和信任度，即使猝不及防收到某則訊息，也別急著下結論。

你的名字、頭像、信箱，都在告訴別人你是誰

不管是要僱用誰工作，我都會先去谷歌（Google）搜尋這個人，保姆如此，市場營銷顧問也是如此。大多數雇主都是這麼做，不過我聽聞越來越多案例，是同事搜尋同事、家長搜尋孩子的朋友。我的鄰居承認，她甚至搜尋過我們社區的守衛。在數位世界，我們在網路上的面目，可能就是我們展現給世人看的第一印象，且和真實世界一樣，網路的第一印象也很重要。

數位身分認證有幾大元素，現在我們就來一一討論。

◎你的名字，就是你給人的形象。

有時候，名字真的就是一切，尤其如果你跨團隊工作，從來沒有面對面和其他同事溝通過，情況更是如此。比如我接到一份電子郵件、行事曆邀請或 Slack 團隊溝通時程，但是除了對方的名字之外，我對寄件人一無所知，那我可能會有什麼樣的結論呢？

假設你的名字是梅可欣（Maxine），你會在電子郵件上採用全名梅可欣，還是小名梅可西（Maxi）？全名聽起來比較公事公辦，小名則比較隨意。如果你用的是梅可斯（Max）這個名字呢？聽起來可能是女性，也可能是男性，也可能是「非二元性別」（nonbinary gender）。總之，**你所採用的名字，會在收件人心裡創造出你的形象**，故選擇務必明智。無論使用哪一種社群媒體，你都應該只使用你的名字，不要添加搞怪的別名、電影人物的名稱等，做你自己就好。

◎ 電子信箱，暗示權力階級和後續聯絡意願。

你有雅虎、Hotmail、Gmail 帳號嗎？你的名字後面有沒有數字？如果有，顯示你用的可能是已經過時的電子郵件地址了。你用的是私人電子郵件，還是公司專用的電子郵件信箱呢？採用公務地址，可以顯示你的權力階級，也可以說明你的電子郵件內容為何那麼正式。此外，給別人你的私人電子郵件地址，很可能暗示你希望和對方保持工作以外的長期關係。

◎ 善用頭像照片經營個人品牌。

你在 Outlook 或 Gmail 等電子郵件軟體的地址旁邊，有沒有放上照片呢？你使用 Zoom 或 Webex 等視訊會議軟體時，個人檔案裡有照片嗎？若放的是一張夕陽餘暉的照片，就只傳達了夕陽的圖像，沒有一絲一毫關於你的訊息。

在訊息中放一張清楚、專業的大頭照，是很好的主意，而照片的品質也很重要，**解析度低的相片會給人負面印象，反觀高品質照片，則顯示出你在認真經營個人品牌**（按：個人在他人腦海中特有的一種印象）。

◎**網路搜尋結果幫你的專業掛保證。**

在網路上搜尋你自己的名字時，跳出來的前三個網站是什麼？你是否擁有個人網站？你在公司網站上有突出的篇幅嗎？你是否曾在某個政治話題上，被本地的報紙引述過？以上所有答案，都會讓我對你有所了解。

以理想狀況而言，搜尋結果應該讓搜尋者得知，**你這個人具有專業素養、值得信賴，和那些容易搜尋到的檔案大頭照截然不同**。務必時常更新你在商務平臺領英（LinkedIn）上的個人資訊，這樣人家才容易搜尋到你的專業生涯進展。

* * * * *

至此，我們已經討論了數位肢體語言的許多形式，本書第二部將說明這些新訊號，如何全面影響團隊——我們可以如何運用肢體語言表達欣賞之意（清楚可見的重視）、找尋盟友（謹慎小心的溝通）、為數位時代重新定義團隊合作（信心十足的合作），以及如何將這三大基石結合在一起，打造出特別有安全感的團隊（全心全意的信任）。

第二部

數位肢體語言讀心術

第4章

尊重不能放心裡，怎麼用螢幕表現出來？

別人凝視你的眼睛、使勁和你握手、富含感情的對你說：「太感謝你了。」那種感覺你還記得嗎？在數位化工作場所中，若想表現出第一條守則——清楚可見的重視，就需要注意別人的狀態，再藉由數位肢體語言的新線索、新訊號，明確傳達「我聽見你」以及「我了解你」。這意味著對別人的時間和需求更敏銳，閱讀數位訊息時心存謹慎與專注，並且要尊重他人，不要匆忙行事。

我來舉個例子。當年我在紐約市創辦自己的顧問公司不久，而吉姆（Jim）人在德州達拉斯市（Dallas），碩士畢業後剛開始就業。我們透過視訊面談，吉姆對我提出的問題反應很快，回答也很精明；他似乎對我正在進行的協調合作相關工作有興趣，而且溝通能力也很強。由於當時我急著開展業務，當下就決定僱用吉姆擔任我的行銷策略專員。

我的選擇很正確，吉姆這個員工太棒了，我最欣賞他做事自動自發，不太需要別人監督。在我使勁拚事業的時候，吉姆總能跟上我的步伐，我用簡訊或電子郵件交代他做任何行政工作，他也不需要追問指示，就能辦得妥妥當當。不論我什麼時候傳送工作需求給吉姆，他通常很快就回覆我（聽起來不錯），讓我很有信心，相信他掌握了一切。（我一般會回他一句「謝了」，感覺他會因此知道我心懷感激。）

把時間快轉到六週後的電話進度彙報：

我：那麼，你認為事情進行得如何？我覺得進行得非常順利！
吉姆：並沒有。
我：並沒有？等等，你說什麼？
吉姆：我覺得不好，進行得不順利，然後我想要辭職，今天就辭。
我：今天？等等，抱歉，你說什麼？
吉姆：妳看，我有碩士學位，我不想做行政工作。我以為妳會交給我很多行銷相關的工作，就像我們初次面談說的那樣。還有，我們很少討論妳正在進行的項目，也沒有談過這份事業更宏大的前景。

原來，我只顧著向前衝，平常多靠每星期和吉姆通一次電話聽取彙報，而他一個人在達拉斯枯坐、受煎熬，不確定自己這份工作究竟做得好不好（這對年輕的專業人才來說更重要），也不曉得自己到底為什麼進了這一行。他「聽起來不錯」的那些電子郵件，並沒有發出「我會開心做這項工作」的訊號，而是暗指：「我會勉為其難去做這項工作，可是我真的也想談談自己的學習目標。」我寫「謝了」的那些電子郵件，本意是傳達「我非常謝謝你努力工作」，卻被吉姆詮釋為態度敷衍；我以為自己表達得很清楚，到頭來，吉姆卻覺得沒有得到應有的賞識與尊重。

當時的我是不是欠缺經驗的領導者？絕對是。如果吉姆和我在同一個辦公室上班，我還會那樣對待他嗎？肯定不會。

回想起來，我才明白自己的表現對吉姆來說，有多不尊重：每星期約定打電話時，我總是遲到八分鐘、十分鐘，浪費了他的時間，而且每次發「抱歉遲到了」的電子郵件，就又多惹他生氣一次。有時我為了接其他來電，會中斷我和吉姆的電話，但沒有立刻向他解釋為什麼我需要接聽插播的電話。等到我再回來聽吉姆的電話，兩人先前的思緒都已被打斷，我們不得不浪費更多時間來重新接續先前的討論。最後也是最尷尬的一點是，我會寄不完整的電子郵件給吉姆，只回答他部分問題而非全部，因為我還有更要緊的事情要忙。

吉姆替自己發聲、誠實提出疑慮的做法很正確，他也給了我補償的機會。我們因為此事而展開的對話雖然不太好受，卻提醒我「清楚可見的重視」是多麼重要，不論是職場或私生活，我們都需要有意識的將對別人的尊重，直接表現出來。

半數以上的受僱員工指出，他們沒有從領導者那裡得到自己需要或想要的尊重。聽起來，實在有太多不知感恩的領導者了！不過有沒有可能另有解釋？也許是領導者表達尊重的方式，有些員工根本體會不到？由於尊重的訊號已經改變，所以我們也需要改變技巧，讓共事的同仁感覺備受重視。

傳統上，尊重總是以人與人親身共享的訊號為基礎，而每一次人際互動，都會創造實際的訊號，如此經過數十萬年演化的訓練，人類的大腦下意識就能理解這些訊號。然而就像我在本書中一再強調的，時至今日，很多人際互動已經少了肉眼可見的線索，來幫助我們表達和理解。

當人際關係需要靠螢幕作媒介，我們如何讓看不見的東西變得清晰可見？

我和吉姆談過之後，才明白自己犯了錯，這也是當今最妨礙員工產生參與感的殺手級大錯之一：我以為，只要沒聽見吉姆傳來任何消息，那一定萬事大吉。（俗話說：「沒有消息就是好消息。」其實經營事業絕不能這樣。）**現今有高達六〇%的團隊工作屬於數位型態，靠的是文字書寫，我們再也不能依賴自己的「假設」，去衡量彼此尊重的感覺。**我和吉姆缺乏面對面互動，這表示我錯過了很多重要資訊，先前我們針對每一件專案只通話一次，之後必須改變成多個「接觸點」（touchpoint，按：本用於行銷過程中，與顧客的接觸機會，此處可理解成接觸到相關資訊的機會）；過去沒有說出口的感謝，也必須轉換成說清楚、講明白的肯定。

這場對話之後，我務求準時結束前一場會議，以免延誤接下來與吉姆的通話。我們安排每週利用視訊彙報一次進度，除了檢討工作，也確保吉姆感受到重視和支持。視訊型態讓我有機會判讀吉姆的肢體線索，直接發現是什麼讓他感到不適，當他似乎無法用文字表達自己，或是需要更多時間思考某件事時，我也能透過視訊觀看他的肢體語言。這種和對方「坐下來」交換意見，而非匆匆透過電子郵件往返的方式，很快就解決了我們之間的溝通難題。另外，我們也有機會討論吉姆在專業上的學習目標，最終打造出一項計畫，由吉姆統合其他職責，以順利完成這項任務。

整體來說，在與吉姆確認進度時，我的表現也有所改善（而且改善幅度很大），並對他的貢獻予以回饋，對他的努力表達感謝。最終結果如何呢？後來，吉姆和我合作了很多年，而我至今仍奉行當年學到的教訓。

如今我利用數位工具，確保團隊感受到明顯重視，譬如採用視訊通話，以及每一、兩週一次的電子郵件來彙報進度。我會針對每一個人，選擇符合其性格特色的通訊媒介（例如來實習的大學生，最擅長使用團隊通訊軟體 Slack，他們實習結束時，也很高興收到亞馬遜網站〔Amazon〕的電子禮品卡；反觀我的高階主管團隊，則堅持使用電子郵件，而且欣賞個別化、非罐頭式的短信），同時確保我盡可能的表達鼓勵與謝意。我接到別人的訊息，從來不會已讀不回，在和團隊碰面時，也不允許自己分心使用其他數位工具。

我與吉姆互動的經驗顯示，尊重使領導人能夠挑戰某種情境，而不是挑戰某個人，並創造出一個環境，讓團隊成員感覺受重視，使他們樂意參與和緩、甚至激烈的對話。尊重使領導者能容納百川，利用多元思考與多元觀點的力量，促成創新與創意；反之，不尊重（無論是否故意）是無聲的殺手，足以扼殺合作、積極主動和工作滿足感。

清楚可見的重視，意味著不要假定別人「沒問題」，而是主動、明白的表現出你了解對方所想，也重視對方的參與。

你不尊重別人時間，別人也不必尊重你

我為了寫這本書，做了一些研究，期間接到一位客戶驚慌失措的電話，他們的人力資源主管需要我幫忙，而且事情很急。

原來，該公司有個領導人正在管理一項備受關注的專案，但有個問題——他沒辦法讓團隊順利運作。這是一家新創公司，員工預期將來能分到股權，所以對工作時間較長都有心理準備。然而團隊之間無法合作，溝通陷入僵局，人人都感受得到；這不但打擊到士氣，連帶他們對市場和顧客訂出的期限，也遲遲跟不上進度。客戶問我能幫忙嗎？

我說當然能！雖然我正在休假研究，但仍樂意和那位高階主管談一談，並且擬出一份

行動計畫。於是那位高階主管和我詳細長談了一番，逐一討論可行方案。對話結束時，他似乎急著離開，並要求我在一星期內傳企劃案給他，還規畫在三週之內開始一起展開行動。我一口答應他，接下來熬了好幾夜，總算在截止期限之前交出企劃案。

然後……對方毫無動靜，我再也沒接到這位主管任何音訊。後來我碰到同行的其他顧問，發現他們的經驗和我雷同，都曾經被同一個人纏住，興致勃勃的談起話來，可是等到提交說好的企劃案之後，對方就神隱無蹤了。我只能猜想他對待自己的團隊也是這副德行——完全不尊重別人的時間和專業。

這些討人厭的數位行為最好避免！

- **匆忙行事：沒有校對就寄發訊息**；為了趕開下一場會，便在視訊通話時加快速度；宣稱自己「太忙」，無法和團隊確認進度。
- **不尊重別人的時間：**同一個時段安排兩場會議；排定時程表的時候，**將自己的行程看得比別人的重要**；視訊通話太過冗長；明明事情不急，卻傳送「緊急」電子郵件；讓沒什麼成效的常態會議繼續留在行事曆上。

- **忘記表達感謝：**習慣只用文字溝通，忘了利用電話和視訊彙報的機會，向團隊說聲「謝謝」；傳送意義模糊的電子郵件；發表工作成果時，沒有將功勞歸於團隊的每一位成員。
- **在面對面會議和視訊會議中，分心做別的事：**「我很快回個訊息……」會議中經常出現這種橋段；在筆記型電腦上回覆電子郵件和即時訊息；別人想和你交換眼神的時候，你卻低頭滑手機；會議中討論重要事項時，沒有把手機提示轉成靜音或震動。

清楚可見的重視說起來容易，但要在工作場所落實卻困難得多。有許多相關文章提出，可以藉由建立一套規矩準則、或記得在電梯裡和人打招呼這類行為，建立人與人之間的尊重，不過要如何將這類準則轉換到電子郵件、即時通訊和視訊通話上？卻沒有人討論過；這些通訊管道有著遠距性質，因此更容易產生不尊重的行為，即使是即時開會也不例外。

我始終記得和某大公司高層主管米雪兒（Michelle）開會的經驗，事前我一共寫了五封電子郵件，打過兩次跟進電話，最後還和她的助理打電話確認過，才安排了一個米雪兒方便的時間。到了約定見面那天，我準時抵達，米雪兒過了將近十分鐘才出現，她和我打完招呼之後立刻說：「妳挑了最糟糕的見面時間，今天晚一點我還得發表很重要的報告。」我提議重新安排見面時間，不料她把同事叫進來替她開會，自己仍然待在一旁，忙著滑手機準備下一場會議。

整個情況很怪異。米雪兒坐在現場滑手機，讓我感覺很不尊重，她還不如乾脆離開現場，請同事替她開會就好。我忍不住想起自己差點失去的好員工吉姆，那種遭人貶低和不尊重的感覺久久未消。我為什麼要把米雪兒推薦給自己圈子裡的人？誰曉得她因為惡劣對待他人，這些年來一共損失了多少大好機會？

更甚者，身處數位世界之中，有時候選擇似乎太多了，釀禍的機會隨之等量增加。何時該寄電子郵件？何時比較適合傳簡訊？什麼時候預計打電話？應該等多久之後再回覆訊息？數位形式的感謝或道歉，時間範圍落在哪裡才適當？太快發這種訊息會顯得草率或不誠懇，太慢則可能被指責冷血。數位感謝和數位道歉的分量與重要性，是否和當面致意或打電話致意一樣？

如今，已經不能保證別人會「正確領悟我們的意思」，同樣也不確定對方能否感覺到我們清楚可見的重視。

我問你找哪天談談，你怎麼回我「好」？

有鑑於未來的工作環境，很可能永遠改以數位溝通為主，遠距工作更多，團隊更扁平化（按：員工和執行者之間很少存在或不存在中間管理層），變革的速度更快，跟從前相比，清楚可見的重視迫切需要新的原則。

◎仔細閱讀，是新型態的傾聽。

你很可能已經體認到，以往我們對著桌子另一頭或電話線另一端交談和分享資訊，如今卻需要透過書寫型態對話。我們與他人分享想法時，不再是用聆聽的，而是閱讀他們在電子郵件或其他數位媒介上書寫的內容。然而，根據語言學者娜奧米・巴倫（Naomi Baron）的研究，這種方式有個問題：**人們閱讀螢幕上的文字時，理解力低於閱讀紙本**。閱讀螢幕上的字句時，我們投入的時間較短暫，往往還一心多用，同時做其他事情，而且不會緩慢、仔細的閱讀，而是大略瀏覽，只搜尋自己想要找的內容。

舉例來說，下圖是我最近和某個客戶往來的電子郵件對話。

我收到訊息當時，只覺得無言以對。我到現在還是很無言！線上閱讀的效果之所以那麼糟糕，有個重要原因，那就是大家都快速看過，沒有花時間仔細閱讀整篇內容，反而拚命奔向未知的終點線（這條線每天早上都會重設）。我們對速度的需求導致了上頁的對話例子——數位型態的商量就是那樣。

可是我們「真的」有自己想像的那麼忙碌嗎？根據巴倫的說法，其實……並沒有。很多趕時間和因為趕時間而生的焦慮都是虛假的，因而犧牲了準確、明白和尊重。即使你真的很忙碌，沒時間立刻回覆訊息，仍然有辦法傳達你不是故意忽略對方。

舉個例子，你可以傳一條簡短的訊息（譬如：收到！），**讓對方知道你已經收到他寄來的簡訊或電子郵件**，而你正在處理此事。你也可以粗略估計一下，告訴對方你大概什麼時間可以給他詳細的回覆。

最後，**為了顯示自己真的已經好好讀過對方的訊息，你可以陳述對方來信中所有相關論點，並且回答所有問題**。假如一時做不到，你要讓對方知道時間許可時，你會回覆更多答案，這樣對方就會知道你不是有意忽略其餘項目。

通訊時，務必提及細節，這會顯示出你確實花時間讀完訊息、思考過問題，並且在乎對方的工作成果。

如何顯示自己很認真聽？

- 將迅速回信當成優先要務，哪怕只是告訴對方你會晚一點回覆。
- 回答來信中所有問題和評論，不要只回答其中一、兩項。
- 碰到複雜的問題時，詢問對方：「我能打電話給你嗎？」或是安排面對面會議來討論。
- 不要打斷對方，也不要讓別人打斷你們的對話。
- 在視訊通話中使用口頭提示，鼓勵對方分享他們的想法，例如「你盡量說」或「我在聽你說」。
- 不要為了分心做其他事，而使用靜音功能。
- 要求對方闡明問題。
- 對話時要做筆記，或在通話結束後，確認重點有傳給對方。
- 視訊通話中要給團隊成員時間，讓大家利用虛擬聊天室分享意見。

◎書寫清楚，是新型態的同理心。

表達尊重的關鍵，就是好好寫，最重要的是「有意識的好好寫」。

某製藥公司的行銷長有一次與團隊溝通，為即將召開的董事會議準備簡報。她用電子郵件分享一個點子：「你們覺得要不要在簡報中多放一點腫瘤方面的研究？」行銷長以為自己傳達的是：「我們在這裡多加兩點內容。」可是她顯然沒料到，團隊看到電子郵件時有其他解釋。兩週後，她的團隊已經花費三十個小時，準備了四十張腫瘤研究的投影片。行銷長不曉得麻煩來了，她真的已經忘記她提出的建議。而她的團隊習慣百分之百滿足其要求，很少提出問題，所以他們後來發現苦心做出來的四十張投影片，被濃縮成投影片上的兩點內容時，他們心裡那股遭到貶低的感覺更加嚴重。

這裡要注意的重點是：假如你是上司，要留意把思緒「大聲」寫出來，並且和下達真正的執行命令區分開來。如果你是接收訊息的一方，別害怕要求對方把問題說清楚。畢竟和最後拿出績效不彰的工作成果相比，一開始就挺身要求闡明問題，反而沒那麼尷尬和費時。

很多時候，電子郵件之所以遭到誤解，可能只是源於漏了一個字，或是寫了一個讓人誤會的標點符號。解決辦法很簡單：校對你寫好的電子郵件！

校對不僅是習慣也是技巧。你要以良好的校對成果為榮，因為**寄發清楚明確不含糊的訊息，有助於讓對方更認真看待你所寫的內容。**

寫信時要留意細節。檢查你字裡行間的語氣，並思考對方會如何理解你的訊息，尤其是根據你的階層，對方又會怎麼理解。

有個德國客戶告訴我：「我和一位法國同事與一位印度同事，陷入沒完沒了的電子郵件對話，他們一直兜圈子，同樣的事情一講再講，卻不能了解對方。後來我讓兩人和我一起通電話，用幾種不同的方式問了幾個問題，大家就都清楚問題到底在哪裡了。**有時候電子郵件傳過來、傳過去，我覺得大家都在猜其他人的意思，事實上誰都不知道答案。**」

良好的電話對話越來越像過時的藝術，這樣很糟糕，因為電話可以節省很多時間，同時傳達出善意。（拜託，我們不可能依靠數位方式解釋每一樣東西！）

如果你剛剛收到一封語意模糊或令人困惑的簡訊或電子郵件，不要害怕要求對方通個電話，可能的話，視訊通話或親自碰面更好。如果對話內容須謹慎對待，那麼要求快速通個電話，能夠顯示你設想周到。至於通話時等一下再回覆問題，並不會讓你顯得猶豫不決，反而會讓對方覺得你正在專心聆聽，並且認真對待自己的工作。

一通電話，抵得過千封電子郵件。

有這麼多種書寫平臺供我們使用，我們也有可能會在電子郵件或團隊對話框中提出太多問題。善用電話、視訊、真人會議，可以讓我們的收件匣不被沒完沒了的小問題塞爆，因為使用這些媒介時，我們必須構思「適切」的問題。

任何計畫一開始的時候，比起提出複雜的問題，開放式問題會來得更有幫助。某位領導者告訴我：「（開放式問題）有助於我看出對方是否了解我所說的話。」例如「對你來說怎麼樣算成功？」或是「什麼是最理想的下一步？」這類問題，可以切斷一堆令人發瘋的電子郵件鏈，確保團隊裡每個人都清楚計畫的目標，也明白他們個人所扮演的角色。

這樣表現重視，別人最有感

◎一句感謝，讓人更願意付出。

欠缺尊重可能會把小細節變成大問題。我來解釋一下。

我永遠忘不了有一次，和四個同事的三十分鐘電話會議，主持人在會議進行了大約二十六分鐘之後才問道：「線上有人想發表任何想法嗎？」在此之前，主持人沒有好好請教四位精通該項主題的專家，反而把大部分會議時間用來給我們上課！這不僅給人留下粗魯和自我中心的印象（好吧，他這個人的確粗魯又自我中心），而且因為不容其他人表達意見，他其實辜負了自己的角色職責。

我**主持數位會議時**，通常會要求遠端的與會者引導部分議程，對方因此覺得自己受到重視，更重要的是，人人都能藉此知曉別人的姓名、長相和簡報風格。一般來說，我會在會議舉行前一、兩天，先把資料寄給大家，然後安排在會議上討論這些資料。我主持網路直播工作坊時，某些參與者和我待在同一個場所，其餘的人則透過網路觀看。問答時間，我會先請虛擬與會者分享他們的問題，目的是提醒同個場所裡的人，參加這場工作坊的人員不只有置身現場的他們。

任何人都能創造新的規範與儀式，以助於確保公司文化特別珍視肯定與尊重。幾個例子如下：青年創業家協會（Young Entrepreneur Council，簡稱 YEC，按：需付費的組織，僅限受邀加入，會員由四十五歲以下的成功創業家組成）執行長史考特．葛柏（Scott Gerber）傳送影像訊息表達感激。

另外，中國一位許（Xu，音譯）姓高階領導人，每個月都會安排六十分鐘的視訊通話，對象包括所有分公司的職員。他藉著這個平臺報告最新的企業績效，公司團隊也利用這些視訊通話分享他們的成功故事。大多時候，揭開通話序幕的是新進員工自我介紹，以及替公司的當月壽星慶生。六個月之後，許姓領導人得到豐碩的成果，他說：「員工感覺更有參與感，更認同自己的工作使命，因為他們曉得在公司的每一個階層，大家都盡忠職守，表現非常優秀。」

非營利組織「做一點事」的前執行長艾莉雅．芬格用獨一無二的方式獎賞員工。她採用一些簡單但令人難忘的行動，譬如送給所有在組織待滿三個月的人「一個在Slack軟體專用的個人表情符號」，公司也會在「頒獎」儀式上，表彰傑出的團隊成員。《克萊恩紐約商業雜誌》（*Crain's New York Business*）評選「做一點事」為「最佳工作場所」之一，且在眾多非營利組織中，其員工流動率特別低。

我認識的另一位高階主管，經營一個員工上千的組織，在每個員工生日當天，他會親自打電話向這些員工祝賀，感謝他們辛勤工作。這數量聽起來很嚇人，可效果也好得驚人。

《性格與社會心理學期刊》發表過一份研究，參與研究的受試者收到一、兩封電子郵件，信裡請求他們協助撰寫求職信。其中半數受試者收到的電子郵件裡，加了一行字：「非常感謝！」另一半受試者收到的電子郵件內容完全相同，但是少了這一行表達感謝的字句。這項研究發現，**受試者收到有感謝字句的電子郵件，願意提供協助的比率，是另一半受試者的兩倍多。**

這些都是很好的例子，說明如何在工作場所利用數位肢體語言表達肯定。不消說，表達謝意與尊重並不需要特別花俏或正式，也不需要花費很多時間，只要在訊息中多打幾個字，比方說「非常感謝」，就能產生驚人的成果。

◎要求寄電子郵件回答兩個問題，內向者更願意發言。

我的客戶莉莎（Lisa）是一名技術主管，她也碰到了挑戰……原來她的團隊裡有人性格內向、有人性格外向，她很難同時滿足雙方的需求。莉莎對我說：「平常與團隊相處的時間，管理兩者之間的差異已經夠難了，現在我發現，由於對話中還是聲音大的人占上風，所以內向的人都不會貿然打電話，也不會迅速回覆電子郵件。」莉莎也發現整個團隊與她通話時，比較不願告訴她壞消息，唯恐給人感覺很失禮，好像他們故意要「出賣」其他人一樣。

為了解決這個問題，莉莎設計一套程序，選在每個月的策略通話之後進行——她要求每一個團隊成員在那個星期結束前，直接寄電子郵件，**回答她兩個問題：「我不想聽到什麼壞消息？」和「上次的討論中，我們可能遺漏了什麼？」**

莉莎這麼做有兩個原因。第一，詢問壞消息能夠製造出一個常態空間，讓大家開口談談公事上的挑戰；第二，莉莎底下的內向者需要更多時間消化想法，他們在電子郵件或一對一的對話中，比較可能開口表達意見。莉莎給他們思考問題的空間，結果得到很棒的見解，這些是在會議中達不到的，另外也減少了整體文化的團體迷思。

莉莎還察覺到不同的團隊成員，其參與對話的方式也不同。她費了額外的心思尋找對方覺得自在的地方，然後在那裡和成員們會面，比如視訊通話後一對一個別談話，或是小組一起吃午餐。總之，重點就是讓「每個人」感覺被尊重。

與外向的人交流

- 定期安排面對面會議或視訊會議，這樣他們就能盡情和你溝通。
- 利用分組討論，讓大家有機會暢所欲言，陳述自己的想法，最後再全員討論。
- 在辦公室設置茶水間，或採用網路虛擬茶水間，讓員工可以在休息時間交流互動，替自己充電。

與內向的人交流

- 在兩場漫長的會議之間，安排休息時間。
- 練習在貿然開口之前，先等五秒鐘。
- 會面前幾天，先傳問題給對方，讓對方有時間消化資訊和做準備。
- 鼓勵對方在會議之後寄電子郵件或傳訊息給你，表達心裡的想法。

- 規定時間限制，這樣那些聲音大的人就無法壟斷對話。
- 阻絕打岔的機會。利用對話框或舉手發言等方法，指定誰可以說話，並選派一位會議主席，確保按照程序進行。

還有一些「不尋常」的情境……蘇（Sue）是一家上市時裝公司的授權部門主管，每一季都要和公司財務長道格（Doug）開會，檢討她的團隊預算。為了每年四次的會議，蘇的員工必須花費很長的時間來規畫和準備文件，以照顧到這些複雜預算的每一個層面。儘管蘇和她的團隊互相尊重，可是每次碰到預算時間，同樣的問題都會一再出現。

問題出在道格比較喜歡和蘇單獨討論預算。

也難怪蘇的團隊因此覺得受到排擠，畢竟為了完成計畫，大家都工作得很辛苦。更打擊士氣的是，團隊的工作始終沒有獲得肯定，隨後預算有所更改，也沒給他們任何解釋。當蘇終於注意到這個問題，她決定開始做到幾個簡單的程序：

首先，**確保最終版本的簡報上，列出每一位團隊成員的姓名，並將他們各自負責什麼部分說明得一清二楚**。還有，蘇每次和道格開完預算會議後，都會立刻和團隊繼續開一小時的會，就道格的評語和回饋來檢討。此外，蘇會寫一封後續電子郵件給財務長，除了肯定團隊中個別成員的努力，也明白指出每一位成員對最終工作成果做了哪些貢獻。當然，**這封信也以副本形式寄給她的團隊，好讓大家可以目睹蘇如何讚揚他們。**

在競爭越來越激烈的職場上，工作步調和科技進步，導致人們很容易就失去人際交流，所以這種表達重視的過程更形重要。

掌控時間，就是對別人最大的尊重

要展現清楚可見的重視，需要你「注意時間」——就是字面意思。對某些人來說，這可能顯得過度刻意，可是我認為，若你在打電話、視訊、面對面開會時，不尊重別人的時間，那會隱隱傳達出一個訊息：你一點也不重視對方。

以喬納森（Jonathan）為例，他在團隊舉行電話會議的前一晚才接到邀請，這讓他在討論開始之前，就已經覺得自己被忽視了。更糟的是，沒有人告訴他這場會議的目的究竟是什麼。等到會議開始，喬納森很快就明白，現場大部分人都不曉得自己為什麼來開會、還有誰會來開會，就連這場會議要開多久、為什麼不能透過電子郵件討論，他們也一概不知。

會議開始五分鐘後，喬納森打斷主持人的話：「抱歉打斷你，但在我們深入討論前，你能不能告訴我們，這場會議最後要達到什麼成果？議程又是什麼？還有，我們可不可以花個十秒自我介紹，好讓大家知道誰在線上？」此話一出，立刻確立了一項明確的目的，而每個人都清楚，主辦者對於他們來參加會議有何期望，他們又應該期待會議朝什麼方向發展。

那麼，**領導人要怎麼創造重視、尊重自己團隊的會議？**

答案是在設計會議時，需要有明確的議程和計畫，以便在會議結束時提供清楚的行動步驟。這麼做顯示你尊重同仁的時間，同時也傳達了責任界限。另外，會議一開始你應該說：「這場會議的目的是 XYZ……如果達到，就算成功了。」會議結束時，如果已經達成事先提到的成功目標，記得重述要點，或是列出遺漏的地方。

在每一場會議或每一通電話開始的時候，先騰出五分鐘做介紹，請每一位與會者分享個人或專業上的最新進展，這麼做便能在更了解他人的不擅長處、彼此更熟悉且提升信任的狀況下，幫助每一位與會者了解同仁的狀況。會議舉行之前二十四小時，主辦者應該分發議程，鼓勵不同成員引導會議的一部分。會議過程中，要時時要求與會者表達意見，而不是等到最後才請大家發言，讓每個人協力合作。如果會議是以電話進行，要禁止大家關靜音，以盡量避免尷尬的停頓和一心多用。

有時候，別人有時間方面的顧慮，而你要知道何時不要求他們參加會議。舉個例子，《財富》美國五百強（Fortune 500）中某企業的數位長（chief digital officer，簡稱 CDO）會定期從性質重複的會議邀請名單上，將高階領導人剔除，因為已不再需要對方貢獻意見。

簡單來說，大家都珍惜自己的時間，你若尊重他人的時間，將會令對方非常快樂，也會大幅提高他們的參與熱忱。

如何提高會議對每一個人的價值？

- 確保人人都能回答這個問題：「我為什麼來參加這場會議或加入這場對話？」
- 安排會議時程時，以所需要的最短時間為限。套句帕金森定律（Parkinson's law，按：由英國作家帕金森〔C. Northcote Parkinson〕提出的俗語）：在工作能夠完成的時限內，工作量會一直增加，直到所有可用時間都被填充為止。
- 準時開會和散會。
- 會議之前就分發明確的議程，或是說明希望達到什麼成果。
- 每週主持一小時的「虛擬辦公時間」，以處理較小的問題，不必等到團體開會。
- 檢查性質重複的會議，刪除不會增加價值的會議。
- 除非是範圍較大的團隊策略會議、公司全員大會或全部門的最新動態報告，否則參加會議的人數不要超過八人。

● 如果你邀請某個高階領導人來開會，要清楚告知對方是否必須參加，如果不能親自出席，是否需要請代理人與會。

六五％人會在線上會議時做其他工作

星期三下午四點十五分，我一邊在手機上回覆電子郵件，一邊打開另一個分頁提早採買聖誕節用品，又開分頁選擇要去哪一家餐廳吃晚飯。就在我快選好完美聖誕禮物之際，一道聲音將我震回現實——「艾芮卡，妳覺得怎麼樣？……艾芮卡。艾芮卡？艾芮卡！」

對吼，我正在開「電話會議」。

我說：「抱歉，我剛剛開了靜音模式。」其實我根本沒有靜音，只是注意力放在別處罷了。其他人剛剛在講什麼？業務計畫？我脫口說道：「沒錯，我完全同意剛剛那段陳述。」我趕緊關掉瀏覽器的六、七個分頁，然後深吸一口氣。大家是不是都知道我沒在專心聽？這時有人說話了：「太棒了，真是好消息。謝謝妳，艾芮卡。」我得救了，千鈞一髮。

人人都有缺點，而我的缺點正是開瀏覽器分頁和靜音。大家都知道，打電話或開電話會議時，一次做好幾件事實在是太容易了，容易到危險的地步，而我也心懷罪惡感的察覺到，一心多用會讓自己較少主動聆聽內容。我這樣並非特例，有一項研究指出，**大約有六五％的受訪人承認，自己會在參加線上會議時分心做其他工作，或是寄送電子郵件。**

正是因為如此，我才會特地在與所有團隊通話時，禁止使用靜音工具。我也嘗試規畫出切入主題、引人入勝的會議，這樣與會者就不會受到誘惑，任由思緒漫遊到別的地方。

有一次我在某家製藥公司主持工作坊，與會人數達到三十人。這些聽眾看起來都很專注，唯一例外是坐在後排的一個女子，她的目光一直黏住手機不放。即使我已經走到只距離她三呎的地方，她依舊埋頭看手機。這個女子的行為惹惱了我，甚至讓其他聽眾分心，但她是現場的資深主管之一！我們全都幹過這樣的事，因此，我們的目標是知曉一心多用的壞處，以及對我們「自己」的注意力有何影響。

＊＊＊＊＊

說到底，「清楚可見的重視」目標非常簡單，就是讓員工在工作場所感覺受到欣賞與重視。運用本章所闡述的技巧，能確保你在線上有意識的重視自己的團隊。你可以利用下頁的檢核表，來分析你的團隊是否受到明顯重視。針對左邊欄位的每一項敘述，都要勾選你同不同意，當你勾選的「非常同意」越多，就表示你的組織感覺受重視的水準越高。

重視組織成員檢核表

	非常同意	有點同意	有點不同意	非常不同意
在組織裡若工作表現傑出，會獲得肯定與獎賞。				
你的專業知識與技能，得到重視與重用。				
你的時間獲得尊重。				
你沒有超量工作或感到精疲力竭。				

到我的網站看更多資訊：https://ericadhawan.com/digitalbodylanguage

第5章

三思而後「打字」，三思而後「貼圖」

想要做到第二條守則——謹慎小心的溝通，傳遞訊息時就要精確說出你心裡的意思、陳述你所需要的東西（向誰取得、何時取得），藉此消弭溝通時模糊不清的問題，不再令整個團隊感到挫折。

我是印度移民家庭年紀最小的孩子，所以很容易就學會基本的英文文法，但對於同齡小孩而言很自然的情境線索，我卻始終接觸得不多。記得有一次，我邀請一位中學朋友到本地餐廳與我家人共進晚餐，途中朋友向我低語，說餐廳服務生覺得我們這一行人很「粗魯」，理由並非誰說了什麼不恰當的話，而是我們說話的音調和抑揚頓挫。說印度腔英語的人開口請求時，句子的尾音是下滑的，所以聽起來像是直述句；大部分美國人開口請求時，則習慣尾音上揚。我一下就明白朋友的意思：我的家人完全沒發現，他們在餐廳說話時，聽起來像是對員工頤指氣使！

人們溝通的時候，會不知不覺利用廣泛的「情境化」線索，來幫助對方評估言詞背後的意義。舉例來說，一邊點頭一邊說「我愛死那部電影了」，和一邊翻白眼或眨眼一邊說「我愛死那部電影了」，兩者意義截然不同。

我先前說過，我們全都是當今數位工作場所的「移民」，意思是需要時間、耐心甚至細細思量，才能理解微妙的線索，而這些線索，幫助我們了解其他人言詞背後真正的意思。

就拿 Docstoc 的故事為例吧。Docstoc 是二〇〇七年推出的線上文件分享平臺，上線首日就吸引了三萬名不重複使用者（unique user，或譯單一用戶）。該公司技術長艾倫・席瓦茲（Alon Shwartz）認為這個數字值得慶賀，三萬個不重複使用者耶！可是當他與公司執行長傑森・納扎（Jason Nazar）分享這個數字時，他的熱情頓時冷卻。他們的對話大概是這樣的：

席瓦茲：我們有三萬用戶，實在太棒了！

納扎：我們有三萬用戶？太可怕了！

席瓦茲的成功似乎是納扎的失敗——即使兩人做的是同一項專案！（年紀較長的讀者一定還記得一九七七年的浪漫喜劇電影《安妮霍爾》〔*Annie Hall*〕裡那一幕。心理師問男主角艾爾威〔Alvy〕和女朋友多久歡愛一次，他回答：「很少，也許一星期三次吧。」再問他女友安妮〔Annie〕同樣的問題，得到的答案是：「常常，我想是一星期三次吧。」）

席瓦茲和納扎最後終於意識到，他們始終沒有花時間去定義成功是什麼樣子。席瓦茲學到什麼教訓？「如果你們不定義成功是什麼樣子，就不會努力去實現相互驗證的目標，那又怎麼知道自己成功了呢？」席瓦茲還說：「**未經清楚界定的目標是很難達成的。**」

這樣的故事很常見，抱怨的聲音包括「我們部門沒有共同語言」、「沒有人知道我們部門現在究竟在忙什麼」。到頭來，這些都可以歸納成一個很大的絆腳石：沒有人在謹慎小心的溝通。

所有專案計畫當中，有高達八〇%因為不夠明確詳細而遭逢阻難。最近一份調查發現，有五六%的策略計畫因為溝通不良而失敗。光是在美國，這相當於每支出十億美元，就損失了七千五百萬美元。

我與客戶瑟琳娜（Selena）會面時，她幾乎已經忍無可忍……瑟琳娜是一支設計團隊的新經理，忙著和散居美國東岸各地的團隊成員建立關係。問題是她剛剛和團隊中一位資深設計師發生衝突，原因是對方交給她的圖稿已經到了二稿，竟然還很潦草且不完整。瑟琳娜回信給對方表示沒關係，同時附上一張清單，列出她認為可行的部分和仍須修改的部分。對方回信說：「好，我會盡快改好傳給妳。」然而下一份圖稿傳過來時，瑟琳娜要求修改的地方完全沒有改正，她只好打電話給那位設計師，「命令」他更改。那位設計師氣壞了：「妳先前告訴我沒關係，現在又來罵我。」

由於缺乏眼神接觸、音調或肢體語言等線索，瑟琳娜無法向對方表明她的意圖，造成設計師按照字面意思詮釋她寫的「沒關係」。可惜這句話其實是隱晦的警告。面對瑟琳娜提出的修改要求，對方也詮釋錯誤，認為自己可以選擇要不要改。所以當設計師忽略修改的要求時，瑟琳娜感覺他沒在聽取意見，反之設計師則認定這個上司反覆無常。

我溫和的向瑟琳娜解釋，問題出在她這邊——她與同事的應對模式，出發點本來是好的，但是到了數位時代卻變成錯的。假如瑟琳娜想要成功扮演新的領導角色，就需要表達得更加明確。瑟琳娜缺的不是人際溝通技巧，畢竟她已竭盡所能主動與手下的主管與員工交流；她需要調整的是自己的數位肢體語言。

從好的一面來看，瑟琳娜現在了解，內容清楚明確會比禮貌委婉更好，也幫助她的同仁充滿幹勁往前邁進。她改變了自己的回饋風格——變得更直接，甚至在提出要求時，附上帶有項目符號的條列式清單。不久，那位設計師就交出符合瑟琳娜要求的東西，而且全都做得非常好。

以前人們可以觀察對方的身體反應，來清楚理解話中含意，譬如露出困惑的表情、驚愕的瞪眼，或是一抹笑容。在真實生活中這些依然管用，可是在當前的數位世界中，已經不再適用。即使是視訊通話，你不僅無法判斷對方是否看著鏡頭，也不太能透過小小的視窗框，評估與會者的表情，這就造成雙方溝通有落差。**如今，每個人都有責任考慮通訊時，對方可能會如何詮釋（或誤解）自己，然後根據考慮的結果，調整自己的書寫風格和語氣。**

謹慎小心的溝通表示切中重點，同時考慮情境、媒介和受眾。

謹慎溝通意味著釋放明確的訊號，**確保所有人取得完整的訊息，而且大家立場一致**。這並不是說每個人都必須同意（這幾乎從未發生過），意思是大家都了解和擁有共同的目標。當團隊成員對於目標和期望的立場真正一致、達到更高水準的相互理解，會使他們盡力把工作做到最好。

今天大多數企業變革的速度與步調，讓「謹慎小心的溝通」更難落實。過去，公司領導人習慣花好幾個月的時間，打造一套扎實的策略校準（strategic alignment，按：確保組織結構、資源使用等支援其策略的過程）願景，然後再舉行面對面的拓展活動，向投資人、業務單位、消費者謹慎交流那項願景；反觀今日，領導者需要「迅速」散播資訊。

這表示大家身上都背負期待：溝通時，用項目符號清單呈現自己的想法，並使用標題來加以支持自己。未讀取電子郵件、即時通訊、簡訊、行事曆會議邀請，普遍會造成混亂，這使得大家都很想回到比較單純、輕鬆的時代，那個時代打電話是王道，有事情就直接去對方辦公室洽談，和客戶吃飯也不會被打斷。

回想當年，聽到電話留言之後，我們也許會過了一整天才回覆。（我們可能會在聽到留言後，隨手抓一張紙寫下：「回電給傑克。」結果把那張紙搞丟。）毋庸置疑，在今天凡事講求速度、簡略表達的世界裡，我們需要更牢靠的方法來謹慎溝通。

既要讓人讀懂，也要照顧到心情

我們需要新規則，以助於溝通時表達清楚、發揮說服力。

◎在傳送電子郵件前重讀一遍，勝過傳後讀十遍。

週日晚上八點，我已精疲力竭，可惜還不能開始休息，我必須趕在週一忙著開會與出差之前，先寄發幾封電子郵件才行。

我忍著疲憊，草擬一封給客戶凱蒂（Katie）的電子郵件，針對其團隊目前面臨的挑戰，給了一些具體指示，同時附上那個星期我將對她們做的簡報草稿。我認為郵件看起來挺不錯：內容寫得清楚明確，附加黑體字的標題、項目符號清單，還以斜體字型突出某些字句。我在收件者那一欄打上「凱蒂」，她的電子郵件地址隨即跳出來，然後我按下傳送鍵。大功告成。

兩秒鐘後，本來鬆了一口氣的我忽然陷入恐慌：我把那封電子郵件誤傳給另一家公司的另一位凱蒂了！「另一位凱蒂」是潛在客戶，我還期望未來能與她合作。這下尷尬了——她一定覺得我蠢得要命，如果我多花幾秒想清楚，在通訊上更加留心注意，這整件事就不會發生。

道理聽起來淺顯易懂，可是這種事天天都在發生，一旦按下傳送鍵，我們就無法控制自己寫的文字最終將落到何處。傳給熟人的私人電子郵件，日後可能被對方轉貼在他個人臉書的公開頁面上。訊息和貼文也能被複製、轉寄、竄改、更新，這可能會扭曲原文的基本意思，更別提可以立即翻譯成幾乎所有語言（但不見得正確）。你寫的電子郵件可能在你不知情的狀態下，被你上司的上司用密件副本的方式傳出去，最終轉到你的顧客手上。

這些全都指向一點——我們需要非常小心。

我認識一位過去在製造業工作的高階主管，他就出過一件事：這位主管寫了一封電子郵件給同事，以長達十二段的文字善意提醒——公司未來可能被併購。他沒料到有人從他的長信中複製了幾個字（當然沒有交代來龍去脈），轉傳給整個組織的人員：「預計裁員。」

某家醫院的行政主管也經歷過一場尷尬而痛苦的混亂，原因是她使用電子郵件時按下「全部回覆」，把一項爭議性政策的最新版草案，傳給了醫院的所有員工。儘管她盡力控制住狀況，接下來還是耗費了一整個星期，處理八百多個員工對這封郵件的回饋訊息。

現行步調緊湊的文化，意味著我們不見得總能花費所需要的時間，在按下傳送鍵之前，校對或認真思考寫下的每字每句。然而時至今日，**在傳送電子郵件之前重新閱讀一遍（而不是傳送後閱讀十遍），已是絕不可省略的步驟**。這些話你聽過多少次？「可是我有傳一封電子郵件給你啊」、「你沒有收到那封電子郵件嗎？」，或者「我很確定我有寫進電子郵件裡」……事後你瞪著那封郵件，才明白信裡面根本沒有那些你很確定有寫進去的資訊。

那麼謹慎溝通的第一條規則是什麼？就是放慢速度，三思而後打字。

三思而後打字的核對清單

- 有誰需要收到這則訊息？
- 我想要收件者讀到這則訊息之後做什麼？
- 他們需要知道什麼事情始末或資訊？
- 使用什麼語氣比較恰當？
- 何時傳送這則訊息最適當？
- 哪一種管道最適合用來傳遞這則訊息？
- 如果這則訊息被截圖、轉寄或以其他方式分享，我會覺得不自在嗎？如果會的話，要怎麼改變訊息內容？或者我應該改打電話或面對面開會，別發電子郵件來傳達這項訊息？

如果你不花幾分鐘時間放慢速度，考慮接下來會發生的事，那麼很可能會步上很多人的後塵。看看蘿茲（Roz）傳電子郵件給同事喬恩（Jon）的這個例子：

嗨，喬恩，你週末去滑雪好玩嗎？對了，你能不能把星期五分發給你們小組的銷售摘要傳給我？我需要替團隊彙整一份銷售報告。另外，有沒有哪個業務還沒提交數據呢？很感謝你的協助！

——蘿茲

幾秒鐘後，喬恩發簡訊回覆：

好，我們二月做了四十五萬七千美元！

喬恩向來喜歡讓人高興，他對這次的訊息往來很滿意（事實上，他之後幾乎沒再想起這件事）。他覺得自己已經幫了蘿茲，現在可以繼續做下一件事了，簡直是雙贏。

然而，蘿茲對此很生氣，理由有好幾個。第一，她需要「完整」的銷售報告；第二，喬恩沒有回答她的問題；第三，蘿茲寄的是電子郵件，喬恩卻以簡訊回覆（為什麼要這樣做？）；最後，喬恩忽略社交禮節，甚至不理睬蘿茲友好的問候。（諷刺的是，假如喬恩過了太久才回信，蘿茲也會感到氣惱。）

我們很容易假設已讀慢回是「年輕人」特有的行為，所謂年輕人就是一般常說的數位原住民。可是根據我的研究，不論什麼年紀、什麼組織階層的人，都會犯下這種數位肢體語言的特有大錯，**包括高階主管在內（其實他們更常犯這種罪）——他們每天必須處理的訊息太多了，大多數只能追求速度而非明確度，結果就造成團隊成員普遍感到困惑。**

我以前的客戶喬（Joe）手下有一支團隊，成員投入程度很低。我們設法挖掘背後的原因，發現許多成員表示壓力太大，連週末都常常工作到深夜。這下子喬總算意識到兩件事：他沒有劃下時間界限，告訴團隊應該何時通訊；此外，他確實不分晝夜發電子郵件給團隊成員。綜合這兩項因素來看，要是團隊成員感覺自己需要天天二十四小時待命，又有什麼好奇怪的？

於是喬做了一些改變，如今團隊曉得他會在週末下午撰寫和回覆電子郵件，但團隊成員不必在星期一上班以前回覆。喬甚至自己打造一個新的縮寫字ROM，意思是「週一回覆」（respond on Monday）。就這樣，喬不必等到上班再發電子郵件（萬一忘記就不妙了），而團隊也可以安心度過週末。

◎收件者是誰？情境是什麼？決定使用文字。

口吻——一篇文字的整體態度或特質，是謹慎溝通的另一個關鍵要素。問問自己：收件者是誰？其他讀者是誰？這裡面的情境是什麼？然後按照你的答案來量身打造通訊內容，也就是我給客戶的建議：務必「判讀當下的氣氛」。

這麼做的用意，在於預測別人可能如何體會你寫的文字。舉例來說，當你寫訊息、發簡訊、打電話給上司或同事的時候，最好保持語氣中立，等到你們之間發展出友好的關係，再考慮是否改變口吻。**請把焦點放在提供資訊或說服對方，調整自己要說的內容，只傳達必要的事實**。

非線上溝通時，高聲說話可能傳遞強調訊號（這很重要！）、轉折訊號（事實上，這件事才重要！），或是表現出極端情緒（我快氣死了！）。若是輕聲細語，傳達的意思是「我不知道」，顯示你很平靜，或示意可能該輪到別人講話了。

數位溝通形式也有好處，比方說你可以調整自己的數位音量。看看以下這則電子郵件訊息：

這個不行，還要多下工夫！！！！

聽起來好像天神宙斯下令教訓某個低位階的小神——全部大寫、簡短的句子結構、一大排柵欄似的驚嘆號！如果有人想要怒斥、譴責你，那他寫這麼一句話，就達到他的目的了；反之，如果他想表達敬意，這下就糟了！

所以，**要小心你所發出的訊息的視覺衝擊**。

伊森（Ethan）是我輔導過的企業主管，他與一位資深領導人的互動經驗，讓他感覺不被重視，甚至被貶低……當時，伊森依照對方要求，寄出一份關於提高生產力的詳細計畫，該計畫提出一套不同的工作方式，伊森相信這種方式能夠幫助團隊省去重複的工作，同時讓透明度創下新高。他對這項計畫感到十分興奮，甚至在信中加入下次團隊會議要討論的特定問題。他期待得到積極的回覆，甚至是來幾則後續提問，沒想到這位資深領導人只回了一個字：「k」（譯按：即 OK）。

抱歉，你說什麼？k 什麼？k 歌？伊森覺得疑惑，也覺得被羞辱了。他寫的提案既明確且全面，難道得不到相稱的回覆？對方究竟有沒有思考過他的計畫——或者直接就否決了？k 這個回覆，是代表她批准了，讓伊森繼續進行，抑或是個微妙的命令，要他擱置這個蠢念頭？完全無從判斷。還有，那位資深領導人是不是太瞧不起伊森，所以根本懶得寫信回覆，只隨手打了個字母 k？哪怕是平凡無奇的「OK 我再回你」，也比一個輕飄飄的 k 來得更尊重與體貼。

撰寫真正讓人讀懂的訊息

- 利用3W分配電子郵件中的不同目的：每則訊息應指出明確的「人」（Who，特定人名而非一個群體）、「事」（What，詳盡敘述）、「時」（When，確切的時間，如4H表示截止期限四小時、2D表示截止期限兩天）。
- 在標題或訊息內容的第一個句子，指明這封信的目的是「僅供參考」、「請求決策」或「請求訊息」。
- 創造清楚的縮寫字，例如NNTR等於「不需要回覆」（no need to respond），WINFY等於「我需要你做的事」（what I need from you）。
- 撰寫完美的主旨。為電子郵件的主要內容下摘要，且除非主題改變，否則往來郵件都使用相同主旨（主旨不是提出新問題或後續問題的地方）。假如主題改變了，就要重寫新的電子郵件，依照其內容下新的主旨。
- 如果訊息很長就拆成兩部分，分別標示為「速簡版」和「細節版」。先弄清楚自己真正想要的東西，然後在電子郵件一開頭就切入重點。
- 善用項目符號清單、小標題、留白、文字提示色彩、黑體字，讓別人能快速瀏覽你的訊息。

- 在郵件中附上截圖，因為圖畫的說明效果優於文字。當你需要指示別人，或是突顯整份簡報文件中的某些部分時，截圖極有價值。
- 使用句子「如果……就……」來賦予責任、創造期待，指明下一步該怎麼做。
- 呈現選項。詢問：「你認為我們應該做A、B還是C？」盡量不要提開放式問題，比方說：「這件事你覺得如何？」、「有任何想法嗎？」

口吻問題遠遠超過了團隊討論的範疇，有些情況嚴重到幾乎砸掉品牌。

對聯合航空公司（United Airlines）執行長奧斯卡．穆諾茲（Oscar Munoz）來說，二〇一七年四月的第一個星期開始得並不順遂，沒多久就演變成一場災難。當時有一支影片瘋狂流傳，內容是一位搭乘聯合航空班機的乘客被安全人員拽出座位，在飛機走道上拖行。這難道是企圖遏阻恐怖事件？噢，不是的，原來是聯合航空超賣機位，就隨便挑了一個拒絕讓出座位的乘客下手。這名男子是個醫生，就這樣硬生生被架離飛機。

這件事顯然需要公司和執行長迅速回應，然而聯合航空只在推特上發了一則語氣平淡的道歉訊息，理由是超賣航班機位，完全沒有提到那位旅客。這則貼文一出，引來外界一致嘲笑和挖苦。六個小時後，穆諾茲在推特上公開道歉，結果引來廣泛批評，認為他的聲明毫無說服力、無視輿論氛圍，他所說的正好和「對不起，我們做錯了」背道而馳。

儘管穆諾茲和聯合航空最終還是發了得體的道歉聲明（見左上圖），可是損害已經造成。當然，嚴格來說，穆諾茲以個人身分回應是正確的做法，然而他的語氣不帶感情，所說的話既空洞又虛偽，推特上的聲明也發得太遲。由於聯合航空不當處理公關危機，惹來全世界的氣憤與嘲笑，導致該公司股價一時重挫，帳面損失十四億美元。

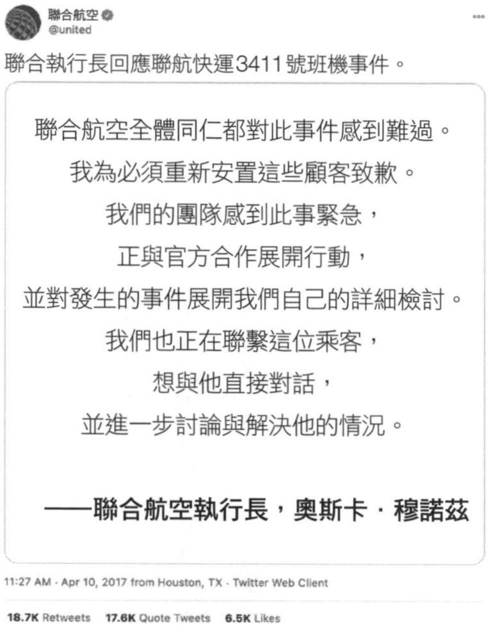
聯合航空
@united
聯合執行長回應聯航快運3411號班機事件。

聯合航空全體同仁都對此事件感到難過。
我為必須重新安置這些顧客致歉。
我們的團隊感到此事緊急，
正與官方合作展開行動，
並對發生的事件展開我們自己的詳細檢討。
我們也正在聯繫這位乘客，
想與他直接對話，
並進一步討論與解決他的情況。

——聯合航空執行長，奧斯卡・穆諾茲

11:27 AM · Apr 10, 2017 from Houston, TX · Twitter Web Client

18.7K Retweets **17.6K** Quote Tweets **6.5K** Likes

L B Baer
@lisalaca
十足野蠻，駭人聽聞。**@聯合航空**因貪心超賣**#3411號班機**座位，攻擊乘客。他們別想再做我的生意。
10:50 PM - Apr 10, 2017
1 21 49

Pete Lucas
@incredipete
我打算所有旅程都**#改搭**別家航空公司。謝囉，**@聯合航空**。那是我見過最糟糕的非正式致歉。貴公司執行長是白痴。
12:50 AM - Apr 11, 2017
9 172 702

其實大可不必走到這一步。

二〇一八年，西南航空公司（Southwest Airlines）也面臨危機，後來卻扭轉了局勢。當時西南航空一架班機的引擎在空中爆炸，不但炸毀一扇窗戶，更造成一位乘客罹難。飛機著陸之後，西南航空公司迅速回應此事。

首先，西南航空在好幾個社群網站上發布簡短聲明，報告公司知道的所有訊息。後續西南航空又提供一條連結，點進去會看到該公司發布的聲明，這段聲明不但情緒妥當，而且內容深入：

> 本公司深感沉痛的證實這樁意外造成一人罹難。整個西南航空大家庭感到萬分悲慟，我們向受此悲劇事件影響的顧客、員工、家人與親人，致上最深切、最真誠的慰問。

西南航空公司一面蒐集額外事證，一面即時傳遞給全世界，同時附上公司執行長蓋瑞・凱利（Gary Kelly）所錄的影片。公司網站的大標題和推特簡介的圖像，從預設的紅、黃、藍色心型標誌，一夕之間改成一顆灰色、破碎的心。公司其他行銷訊息也都撤了下來，顯然西南航空的公關團隊考慮得更周全，設身處地站在公眾的角度思考，因此回覆得宜。

什麼時候應該換個溝通工具？

幾年前，我曾為某家大型零售業者舉辦探討合作議題的工作坊，事後對方要求我與兩位員工——薩曼莎（Samantha）和東尼（Tony）——一起跟進後續事宜。儘管他們住在美國不同的州，但他們一致認為要當個「分工合作專家」，主要透過電子郵件溝通。我們同意把工作重點，放在繼續示範與強化先前在工作坊討論過的各種行為。

好吧，如果說薩曼莎和東尼是分工合作專家，那我真不知道還有誰更不適任——幾乎打從一開始他們就抱怨連連，根據薩曼莎的說法，東尼自命不凡、討人厭、自作聰明。我試著不直接介入衝突，而是指點薩曼莎一些技巧，教她怎麼好好應付東尼那種諷刺的幽默感。同時，我也教東尼如何收起他的冷嘲熱諷，以促成最明確的溝通。

儘管如此，我的努力全然不管用，這兩個人之間的緊張程度只升不降。一個月之後，薩曼莎受夠了，她寫了一封措辭強硬、帶有攻擊性的電子郵件給東尼，詳細說明自己有多麼痛恨他的語氣，那種尖酸刻薄多麼令她抓狂，還有，薩曼莎質疑東尼為什麼對計畫漫不經心。最要命的是，她把我列入副本收件人，還在郵件末尾加了這句話：

艾芮卡，我相信妳的看法和我一致。

那一天真倒楣，我發現自己陷進一來一往的電子郵件鏈當中，一整天下來，我覺得自己像飽受摧殘的幼兒園老師，時刻處在尖叫喊「暫停！」的邊緣。我想好好談一談，解決他們之間的問題，於是安排了一次視訊會議。

最後，薩曼莎和東尼總算能夠彼此容忍——勉強撐完公司指定他們擔任「分工合作專家」的期限。其實他們並非無法共事，只要把溝通管道從電子郵件更改為定期視訊通話即可。由於薩曼莎和東尼寫電子郵件的風格截然不同，才造成兩人溝通不良，採用視訊通話就不會構成這個問題，視覺線索也能夠傳達情緒與彼此善意（這是真的）。

話說回來，也有人從一開始就順順利利的——網路應用程式公司 Zapier 似乎已經破解密碼，知曉如何運用正確的合作管道，甚至設計出一套指南，幫助其他公司達到同樣的成果。Zapier 的工作人員全部遠距工作，幾乎所有事情都透過書面通訊方式分享，公司**每一種合作工具都有極為明確的使用目的，模仿類似的真實世界辦公室環境**。

舉例來說，Zapier 用即時通訊平臺 Slack 充當虛擬辦公室，換句話說，「如果你進入 Slack，就是在工作。」Zapier 公司員工在 Slack 內創造工作相關頻道，以及與工作無關的頻道，這些頻道統稱為通訊鏈（messaging chain），從行銷到處理事務，再到茶水間，包羅萬象。

這些空間各自獨立，確保只有適當的對象才看得見員工的訊息，尤其是團隊成員多達十來人之後，這樣就能減少訊息重複出現在不同頻道的機會。每個空間都有自己的運作政策，並隨著時間與主持人改變而修正和升級。Zapier 也利用 Slack 整合工具，譬如專案管理軟體 Trello、代管服務平臺 GitHub、Google 文件，這些同樣各自有明確的使用目的。最後，Zapier 有一套詳細規範，規定何時使用某一項工具，以及如何使用，藉此把每件事物都維護得井井有條。

在我們所能做的事情當中，有一件具有數一數二的威力，那就是為整個組織明訂合適的管道與型態。**你不必一直堅持使用相同的溝通媒介，但務必替訊息選擇正確的媒介。**在錯誤的時間使用錯誤的管道，也可能導致專業上的負面後果，因為別人對你的信任恐怕會受損，甚至認定你這個人不識大體或不體諒別人。

對此，我教育客戶專注三項要素：長度、複雜度、熟悉度，以便了解選擇正確溝通管道的含意。

傳遞訊息該考慮「三度」空間

◎長度：文字超過一段就用電子郵件。

傳遞訊息時應注意的三項要素當中，最容易管理的是長度。大多數人都有親戚、同事喜歡連續傳好幾則冗長的訊息，好像沒辦法把想法或點子塞進一、兩則訊息裡。如果你想要傳長篇幅（超過一段簡短文字）的更新內容，請使用電子郵件，還有，不要用即時通訊。

寄送電子郵件，可以使用黑體字和畫底線的標題，如果合適的話，也可以加入附件。另外，**務必開頭就簡短明確的說明事情背景**，這樣讀者才會了解這則訊息為何重要。重點是，萬一你的訊息和媒介不搭調，就去找一個更恰當的管道吧。

◎複雜度：要反覆討論時，最好邀請對方來電或會面。

複雜度比長度更難揣摩，通則是想法越大、越廣，就需要越深刻、越細微的思考。如果你打算提出複雜的論點，最好選擇可以容納大量細節，並且支援照片、影片、回饋或評論空間等附加元素的媒介，包括簡報或部落格。

再次強調，務必時時留意你的訊息造成什麼樣的「視覺」影響。如果訊息太冗長，就有可能讓人吃不消。此外，文句中包含太多黑體字或畫底線的字，看起來可能會過於混亂。**圖像（恰當的圖像）雖然更容易看清楚**，且具有增強信任的效果，可是使用太多圖像，反而會分散讀者的注意力。

傳送複雜訊息該選擇什麼時機，也是需要注意的地方。如果你決定星期五下午五點發出長如中篇小說的電子郵件，就不要指望團隊會讀通、吸收，然後在一小時後傳回周延的答覆。你也不該等到最後一刻，才寄發可能引來反覆討論的複雜訊息。碰到這兩種情況，你最好在訊息結尾時邀請對方來電或親自會面，以便討論更小的細節。

再重複一次：選用溝通管道時，務必選擇相應的管道，符合你所想傳達的語氣和訊息。記住，不要因為我們生活在數位世界中，就認定數位通訊是唯一的溝通方式。

◎熟悉度：關係密切就傳簡訊。

熟悉度涉及的不僅是我們與收件人之間，還包括我們與自己要表達的內容之間。你的受眾是誰？**如果你與對方關係密切，那麼傳簡訊這種方式可能很受歡迎**，即使有機會干擾到對方，卻又不會太引人注意。**反觀如果是公務關係，大部分人更喜歡透過電子郵件溝通**，因為他們能迅速瀏覽主旨，

不同複雜度的最佳溝通管道

討論的複雜度	最佳管道	理由
高	文章、部落格、視訊通話、視覺化簡報	可以進一步建立信任；也能夠納入支援元素，例如照片、影片、回饋或評論空間。
中	電子郵件、電話、群組電話會議	可以說明事情來龍去脈，以及你來我往的討論。
低	簡訊、即時通訊、群組聊天	可以迅速回覆，比較不需要花篇幅交代事情始末。

決定何時點開信件，甚至依此決定要不要打開信件來閱讀。

想想你的內容是否屬於私人、機密性質？如果是的話，務必直接私訊對方，而不要使用群組即時通訊，這才是建立信任之道。

長度、複雜度、熟悉度，三者兼顧

我們方才討論的三個要素，闡述如何選擇溝通管道，最能夠展現出你尊重別人有限的時間和注意力。當然，每一個要素都各有變化和特殊狀況。舉個例子，我常聽人說，無法面對面開會時，開視訊會議是比較好的選擇；可是我們也都曉得，視訊會議絕不完美，很多與會者毫無合作的感覺，反而覺得視訊會議上大家各自發表演講，每次只有一、兩個人喋喋不休，其他人則被迫聆聽。

所幸現在已經有解決的辦法，譬如視訊軟體 Zoom 就提供「分組討論室」（Breakout Room）的功能，參加會議的人能夠分組進入個別獨立的討論室，人數不拘。透過 Zoom，與會者可以在會議中使用虛擬白板，這樣人人都能夠同時書寫和合作，建立共享的情境。

最近，某個組織請我去評估其內部一個團隊的數位溝通，這是該團隊「文化升級」中最重要的一部分。部門領導人想要知道，為什麼團隊每天都出那麼多狀況——趕不上截止期限、電子郵件已讀不回、聊天室對話令人不自在、同事間普遍有消極對抗的行為。

我很快就發現，出問題的這支團隊使用合作工具時，都用錯方式了！例如微軟視訊軟體Teams的聊天功能，到了團隊手中，反而變成大家迴避面對面合作的方法。團隊成員還**隨機使用多種合作工具來分享訊息與檔案，導致人人都不知道該用什麼工具尋找想要的資料**。最後，有些成員使用短短十個字的即時訊息來評論工作項目，卻不解釋自己的回覆純屬個人意見，抑或是要求對方採取行動。

後來我和團隊合力打造出一套規範，針對每一種通訊管道，訂定最好、最恰當的用法。我們建立的規範整理在下頁表格。

訂定合作管道規範並不難，難的是確保團隊徹底遵守這些新行為，不要慢慢又退回過去的老方法。有鑑於此，我們找了兩、三位溝通管道提倡人，用以鼓勵團隊成員善加利用每一種管道，並且公開讚揚表現良好的模範員工。最後我們還發展出一套實踐方法——對於在非必要的情況下，傳送重複內容到不同管道的人，推出主題標籤「#停止重複」（#killduplication），藉以消弭此種情況。

現在「停止重複」這個詞是團隊文化的日常用語，有助於把浪費的時間省起來，確保同仁們盡量善用每一種數位媒介。

通訊管道相關規範

工具	使用時機	回覆時間	規範 （使用與否）
內部即時通訊 （如 Skype、Messenger）	• 訊息有時效性或很緊急。 • 對話既簡短又簡單。	越快越好。	• 和6人以下溝通時使用（超過則打電話）。 • 務必設定Skype軟體上的狀態，顯示自己是否有空。 • 避免需要視覺資訊的複雜問題與對話。
電子郵件	• 提供指導性、重要、及時的資訊。 • 務必留下你的通訊紀錄。 • 指示收件人連到某個線上資源，以取得更多資訊。	24小時內；視優先情況而定。	• 若是緊急訊息或期待對方回覆，就在主旨標示出來。 • 分享附件時使用。 • 如要對方立即回覆，則避免使用電子郵件。 • 不可把電子郵件用作隨興聊天的工具。
視訊通話	用來開會，其中包括較適合視覺互動的外部會議（例如專案計畫進度彙報、簡報分享等）。	依照事先安排的時程；視優先情況而定。	• 務必適當使用視訊鏡頭與麥克風。 • 有需要的時候，就使用「靜音」。 • 假如需要開啟視訊功能才可參加會議，主持人務必說明清楚。 • 錄下通話內容，供缺席者參考。
簡訊 （手機）	• 溝通有時效性或很緊急。 • 只在無法透過其他管道找到對方時使用。	若在早上7點到晚上7點間收到，則在30分鐘內回覆；視優先情況而定。	• 如果這是你上司偏愛的通訊管道，可以視情況調整使用。 • 避免在會議中和工作時傳簡訊。

承諾越具體越有力

某會計師事務所是我的長期客戶，有一次他們針對新顧客群推出一項服務，可惜失敗了。事後他們旋即打電話找我幫忙。

那項計畫是幾個月前推出的，程序大致如下：首先，行銷部門邀請六百六十位參與者（是全體員工的一半）去市政府開會，會議由執行長主持，他提出一份正式的PPT簡報，緊接著進行半小時的問答。行銷團隊的其他成員在Yammer（封閉網路社群平臺）上主持後續談話，並與中階主管吃了特別的午餐。行銷部門的人員四處走動，開口閉口「這是天大的好機會」和「是時候改變了」，藉此確保員工都了解這項新計畫優秀非凡。可是一個月過後，什麼進展也沒有，他們因此感到不知所措；所有點子都卡在規畫階段，其中許多遭到徹底擱置，焦點轉向「更急迫」的工作。

好吧，我來說說為什麼完全沒有進展。因為領導團隊自始至終都沒有要求主管寫下明確、可評估的承諾——承諾他們和團隊打算做什麼來吸引顧客、要如何和行銷部門合作，或將優先達成什麼指標。

為了讓每個人回歸正軌，高層團隊和我都要求每個團隊成員在那一週結束之前，必須向現有客戶和潛在客戶好好溝通新服務的細節。接下來，我們利用微軟的視訊軟體Teams

追蹤他們的進展，建立途徑來提供初步提案、分享客戶的問答內容，以及找高階主管來共同討論重點。這項簡單的實務，讓團隊下的承諾更少，但也更有品質，並且堅守這些承諾。

話說回來，**任何承諾最難的部分是什麼？是保持順利進行。**一個組織的網路化程度越深，團隊就越需要保持進度，以回應服務接觸點與請求。為了減少困惑，我總是建議客戶將個人與團隊的承諾寫下來，然後加以追蹤。而在計畫的每一個階段，你都要羅列正在進行的主要承諾。舉例來說，當計畫是「提供團隊在網站更新、產品上市、通訊等方面所需要的資源」，你要在底下列出具體的承諾，比方說：「我會在九月底前新聘兩名工程師。」

我要如何確保團隊徹底遵守承諾？

- 這項承諾可否觀察和評估？
- 如果承諾執行得當，會不會帶來支持或幫助，改變團隊的既定目標與指標？
- 個人或團隊是否擁有實現這項承諾所需要的一切資源？
- 這項承諾是否會冒著過度擴編團隊的風險？團隊需要額外的支援嗎？

改變用詞和敘述方式，加強你的承諾

無說服力的承諾（籠統）	強而有力的承諾（具體）
下一次開團隊會議時，我會分享我們先前在公司外討論的內容。	下星期我會和部屬開會，檢討營收預測數字並分析，進而知道下一步是什麼。
我會和主任談談，改善成果有哪些需求。	我會蒐集資訊和數據，確認我們的努力哪些有效、哪些無效，還會參考其他公司的最佳實例，並於月底前，向主任提出推行建議。
我會設計一場招募活動。	下個月以前，我會和兩位招聘人員參加就業博覽會，蒐集最好的實務經驗，看看要怎樣設計我們的活動，並在下一次開會時，提出設計建議。
我會把回饋意見落實到工作中。	我會檢討自己收到的回饋，思考主管和我之間產生的意見衝突。針對該項衝突，我會擬定策略，並在下週之前落實，同時思考主管可能有何反應，制定因應計畫。

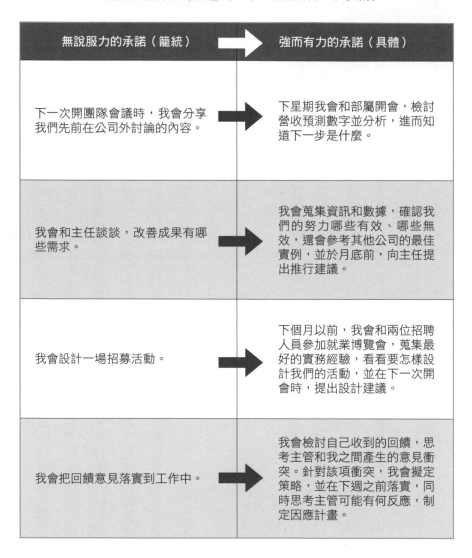

憑藉謹慎溝通所打下的基礎，能讓團隊成功執行目標。問問你自己：「傳完訊息後，我希望對方讀完後做什麼？」如果你的一切通訊往來，都考慮到人、事、時、地和方法，並納入訊息接收人可能需要知道的來龍去脈，進而更全面了解訊息，那麼你的團隊績效絕對會有所改善。

此外，務必透過細節來衡量成功，確保**每個人（包括計畫負責人）都了解自己同意採取的行動，以及預期截止期限**。最後，你要建立一套程序，定期檢討這些成功的措施以追蹤進度，如有必要就隨時調整。

簡單來說，要達到謹慎小心的溝通，務求所有關係人的立場一致，當你與數位團隊共事時，這個目標比較難達成，但並非毫無可能。

切記，三思而後打字，選擇正確的溝通管道，並且把焦點放在溝通的細節上。

你可以利用下頁的檢核表，分析自己的團隊是否已經做到謹慎小心的溝通。看看每一句敘述，並依據自己同意與否，勾選相應的格子。當你勾選的「非常同意」越多，就表示你的組織內部，謹慎溝通的程度越高。

謹慎溝通檢核表

	非常同意	有點同意	有點不同意	非常不同意
你確實了解每一項團隊計畫的特定目標。				
每一次開會後，你都清楚後續步驟為何，且有幾分鐘時間回顧，以防萬一。				
關於選擇溝通管道和訊息回覆時間，你的團隊有一套清楚規範。				
收到訊息時，你了解對方要求你做什麼。				

到我的網站看更多資訊：https://ericadhawan.com/digitalbodylanguage

第6章

當彼此不再面對面，團隊要怎麼合作？

我的印度家人全是大嗓門，因為我們的文化就是這樣教育孩子、這樣學習方言的。在我家裡，要麼你扯著喉嚨說話，要麼沒有人聽見你講話。我在公開場合演講時，有時候就算聽眾超過一百人，我也不需要用到麥克風。

即便如此，直到後來必須和一位大嗓門的同事在同一個地方上班，我才明白自己音量的缺點……這位同事的辦公室就在我的辦公室對面，雖然有玻璃隔間，中間還隔著一條走廊，他的音量還是大到像直直對著我的耳朵叫嚷一樣。只要他在附近，我就很難思考，可是我什麼也不敢說。有沒有什麼辦法可以禮貌的告訴他，開會和講電話時應該降低音量？如果我要他小聲一點，會不會冒犯到他，進而妨礙我們共事？

我練習了好幾種不同的示意方式：應該在午餐時告訴他嗎？或在茶水間裝作不經意的提出來？還是經過他的門口時再說？等等！也許我該找個和他比較熟的人來開口？不對，再等等！我應該寫電子郵件給他！於是，我草擬了一封信，然後想了一夜，第二天還是把信刪除了。

當天稍晚，我終於向他開口：「能否請你以後講電話小聲一點，或是把門關上？」

他說：「當然可以，我很抱歉。」

就這樣，一點也不困難。想想看，如果我夠有信心，認定對方會覺得我這個要求有幫助，而且是出於善意（本來就是），那我能省下多少時間和精力啊！

我們對於別人怎麼想、怎麼說，可能會感到害怕或擔心，但如果想達成第三條守則——信心十足的合作，就要**把恐懼和焦慮放到一旁，勇敢說出自己的意見！**

我很確定大家都有那種同事——不管什麼都是「現在」就要，他的電子郵件主旨全都寫著「緊急」！如果這樣還不夠顯眼，他會發完電子郵件以後，才過幾秒又傳簡訊給你，如果你沒有在幾個小時內回覆，就輪到電話響了，猜猜看是誰打來的？為了幫他完成某件事，你甚至可能有一、兩次顧不上自己的截止期限（因為快到他很重要的截止期限了！），後來才發現他的截止期限是自己憑空捏造的。

或者你也有和他的問題恰恰相反的同事。這個同事的習慣是萬事不急，即使他同意完成一件大型工作，可是你寫了好幾封後續跟進的電子郵件，他都沒有回應，甚至拖過了截止期限，依然沒有下文。究竟是他壓力過大？或是操勞過度？你完全不知道，結果等待的回覆始終沒來，反而耽誤了你自己的截止期限。

這些人使得合作艱難，在數位工作場所更是如此。**此類負面職場行為多半源於恐懼和焦慮，然後轉變成為慢性拖延、消極對抗，逐漸侵蝕信任。**

CEB諮詢服務公司曾針對兩萬三千多名受僱員工，進行人力調查，而《財富》雜誌（*Fortune*）最近根據該調查的受訪者回覆做了一項研究，發現六〇％員工每天至少必須和十個同事商量，才能夠完成自己的工作，且那六〇％員工當中，有半數需要找二十幾個同事幫忙。另外，過去五年來，一家公司銷售東西給另一家公司，所需要的時間增加了二二％。在這個團隊合作根深柢固的世界中，我們需要把注意力集中在擺脫負面、基於恐懼的職場行為，找出最好的合作方式。

假如我們明確表達需求，包括何時、為何需要某樣東西，而不留下任何誤解（或恐懼、焦慮）的空間，就能夠信心十足的合作。

為什麼在數位工作場所中，信心十足的合作那麼困難？

在傳統的辦公室環境裡，人們很容易走到同事的辦公桌前簡短交談幾句，問聲：「你有空嗎？」或與辦公室另一頭的同事交換意味深長的眼神。這些行為是較大範圍文化的組成元素，在那種文化下，**工作領域的社交關係加強人與人之間的信任和相互理解。前述這種心血來潮的舉動，在當今的工作環境中正在大量消失**，有些情況下，我們永遠沒辦法和同事面對面，甚至可能有多達數十個同仁，分布在不同的部門和時區。

現在的團隊成員看不見彼此，比較可能對你說：「抱歉，我看到你在找我。我沒聽語音留言，你能不能改寄視訊會議邀請給我？」或是乾脆告訴你他們太忙了，沒時間安排會議。幾乎沒有人知道體貼周到是什麼，每件事情都必須在「這一秒鐘」完成，但事實上，大多數人的大腦（和日程表）根本就不是這麼運作的。

持續彙報進度，務求所有關聯者都在消息圈

產生合作信心的要點，就是**務求所有關聯者待在消息圈內，得到訊息與更新資訊，同時不斷彙報進度，確保一切環節始終清楚明確**。

舉例來說，我的客戶柯瑞（Kerry）是一家科技公司某部門的營運長，他回想了一項專案計畫環節對不上的問題：「我必須向一位高階主管報告某項專案計畫的更新進度，內容牽涉到我部門裡的三支團隊。這三支團隊都曉得我們必須交出計畫這件事，可是他們交給我製作定稿簡報的時間表，竟然都不相同，他們甚至沒有彼此討論怎麼協調時程。我拿到一大堆缺東缺西的資訊時，已經是晚上六點，而高階主管期待午夜十二點之前，這份報告會寄到他的電子信箱。」

還有另一個例子。美國某消費產品公司計畫在歐洲各地推出一款新的衛生用品，結果團隊的翻譯人員法蘭西斯．韓德森（Françoise Henderson）在準備各種行銷材料時，赫然發現廣告上面所列的產品成分清單，和產品包裝瓶上的不一致（有些成分在歐洲是禁用的）。

韓德森說：「可是，沒有人告訴行銷部門這件事。」在新產品上市的整個過程中，公司裡的五個獨立單位（行銷、公關、技術、法務、包裝）應該接收到所有更新和變動的通知。但在這個例子中，大家所知的訊息都不一致。

要說誰最清楚團隊合作時，信心落差會造成多大問題，非麗莎・沙萊特（Lisa Shalett）莫屬。沙萊特是高盛集團（Goldman Sachs）的前合夥人，也是該公司品牌行銷與數位策略部門主管，目前任職公司董事會。沙萊特在高盛建立了一支任務小組，由員工與部門組成，負責因應廣泛的議題，包括法務、法令遵循、就業法、員工關係、技術、資訊安全和作業風險。為什麼把這麼多專家放進團隊組合？沙萊特說：「這樣就能更快得到核准，萬一案子過不了，至少大家也會理解為何遭駁回、對原因感到服氣。」

沙萊特更建議小組在任何計畫一開始時，提出這些問題：「我們正想著要做的這些事情，有誰需要知道？風險在哪裡？員工真正需要了解程序、要求、規則之處又是哪裡？」最重要的是，沙萊特倡導**辨識、提拔可以將專案做得更好的恰當人選，以及那些最能夠預測瓶頸所在，或能點出錯誤的人**。

如何建立團隊間的信心？

- **以成果而非花費的時間，評估成功與否。**避免向員工斤斤計較工作時數。如果你告訴員工每天需要工作八小時，但他們知道自己只要五個小時就能把事情做完，那麼他們只會拖延更多時間，而不是把工作做得更好。

- **設定清楚的角色和期望。**設計任務時，應有架構步驟，用以完成某個共同目標。每個人該做什麼事，都要清楚說明白。我在結束所有的電話之前，通常會問：誰在做哪一件事？什麼時候會完成？這樣整個團隊都很清楚，個人也會感覺自己對同事和團隊領導人負有責任。任務即將完成時，我喜歡利用專案管理軟體如 Trello 來追蹤專案，以增加責任感。
- **對於成功的模樣有共識。**計畫進行之初需要問三個問題：頂級表現是什麼樣子？工作完成是什麼樣子？怎樣算超出範圍？從這些問題的答案，團隊可以回推出合乎現實的截止期限。
- **隨時找得到人。**如果團隊成員想請教你關於某項任務的問題時，卻找不到你的人，他們恐怕會失去熱情。想像一下，如果你不騰出時間回答一個只要花五分鐘解決的問題，未來恐怕會因此浪費更多小時！

光是思考「誰可能阻止這個計畫」和「誰需要核准這個計畫」，就能夠避免遺漏關鍵人士，因為這些人後來可能拖慢你的努力，例如第一線結帳員、新客戶代表或風險管理人。

沙萊特考慮到了所有利害關係人，不僅只是她直接管轄的團隊，還包括可能不做決策卻負責執行的人。

此外，**她要求所有相關部門，將提案與議題消化成外行人也懂的文字**，比方說，工程、管理、法務部門人員的用語都不同，為了確保這些全然不同的聲音能夠彼此了解，公司期許每一個人都能用清楚、不含術語的語言表達自己的想法。

信心十足的合作，始於了解其他部門在做什麼，並明確規範各部門間如何互動。

某製藥公司的團隊領導人卡洛琳（Caroline）更指定了「專案團隊成員」和「專案顧問」。專案團隊成員負責參與決策和維持日常活動，至於專案顧問，則提供特定主題的專門知識，只接觸會議摘要（以跟進消息）或一對一對話。當專案團隊成員無法參加會議時，有責任指派代理人，替他們做決策。

本來參加腦力激盪會議的成員多達三十人，然而卡洛琳選派這些角色之後，討論人數縮減成六個人，如今他們辦事情更快、更有效率。

不斷更正的訊息，消磨眾人信心

當前工作上的信心程度，往往因為優先順序改變而降低，要化解這個問題，關鍵在於保持訊息前後一致。

我們要怎麼透過一致性，來有效建立與博得團隊信心呢？

答案是——反對有欠考慮的截止期限、改掉取消會議的習慣，以及練習耐心回覆。

◎確保截止期限實際可行，說清楚趕不上的後果。

「截止期限」（deadline，死線）這個詞，最早可以回溯到美國內戰時期。誰想得到呢？當時戰俘營四周圍起來的界線就叫「死線」（dead-line），越線的囚犯格殺勿論。簡單來說，死線曾經是件嚴肅的事。

到了今天，截止期限在某些地方依然嚴肅。舉例來說，工廠如果超過截止期限還無法交貨，就可能造成整條供應鏈上，無數利害關係人的混亂。不過在其他情境下，截止期限就有些模稜兩可了，比方說**「中午左右」**、**「盡快」**或**「早上第一件事」**。**使用這些字眼提出要求，可能給人感覺很緊急，也可能不緊急**。特別是需要反覆修改和創新的創意產業，大家的理解是如果構想未臻完善，恐怕就趕不上截止期限。如果某個團隊或某人錯過截止期限，進而連累下游其他人也跟著拖延，問題就來了。

上司提出的期限，和我的實際認知有落差

注意：你的上司需要在週末前收到報告。

☐ 我明白我會加班，以準時做好工作，但不會有加班費，而且未來兩週，我將被迫重做每一件事。

OK

注意：「我會盡快回覆你！」

☐ 我明白這表示在大概兩週內，我只會得到一半答案。

OK

注意：你的上司傳給你一項專案，還說上午要做好給他。

☐ 我明白現在是星期四晚上 10 點鐘，我得熬夜一整晚做好，以讓我的上司滿意，而他明天會突然休假，過 4 天之後才會檢查我的工作成果。

OK

大部分組織總會碰上這些狀況：員工跨地方和時區合作、有著截然不同的工作時間、克服語言障礙等，因此，趕截止期限對所有人來說都變得困難許多。對管理者而言，建立一套系統相當重要；這套系統須**設下實際可行的截止期限，將趕不上截止期限的後果說清楚，並且考慮出錯（這無可避免）的可能性**。

設定截止期限時要考慮周到。瑪莉（Mary）是一家餐旅公司某部門的襄理，她替管理團隊設定重要的截止期限時，一定會在安排會議時程前特別提醒：「我想到截止期限可以設在十二月一日，不過我還沒有訂下來，希望每個人都把自己的意見跟我說。」

瑪莉為什麼要這樣做？這麼做是為了讓團隊提出任何潛在的問題，不要誤認為她已經下了決定而保持沉默。瑪莉歡迎那些沒有在會議上發言的員工寫電子郵件給她。電子郵件給這些員工足夠的安全感，讓他們貢獻己見，這有助於他們接受瑪莉的截止期限，哪怕他們的意見沒有改變任何事也無妨。

◎改掉取消會議的習慣。

工作場所中，取消會議的確是個問題。由於大家的時程都安排得太過緊湊、工作負擔太重（至少我們這樣覺得），所以現在情況變得更糟……在別人的 Outlook 行事曆上預約時間實在很容易，導致心態改變——我們何不先把時間訂下來？萬一做不到再取消就好了。

當會議一延再延……

最新消息：會議取消

各位——我忘了自己要休假，所以先取消會議。兩週後見。

關閉

回覆：會議時程再度修改

約翰，那個時間我沒辦法去。不過我還是會參加單位舉辦的半天會議！

關閉

回覆：會議時程再度修改

明天我們改在A會議室開會。B會議室有人要用。

關閉

會議時程再度修改

抱歉各位，星期二的會議現在改到星期四早上11點舉行，地點在B會議室。

關閉

然而取消會議一旦變成習慣，可能會影響到整間公司，包括士氣低落、損失團隊腦力激盪的時間，以及員工普遍失去對領導階層的信心。

這裡舉一個例子。

娜迪雅（Nadia）在某家大型保險公司管理一個內部行銷團隊，她的團隊努力了三個星期，為創新總監擬定一套為期一年的策略計畫，沒想到總監忽然在開會前幾個小時取消了會議。當然，他們後來又重新安排了會議的時程，可是取消會議讓團隊感到被貶低和輕視。此外，**取消會議也突顯矛盾——假如會議真的重要，就不會取消了。比取消會議更糟的，是草率的宣布消息，卻沒有解釋理由。**儘管你難免會取消一些會議，可是這麼做的時候，務必遵循正確的方法。

以上例的總監來說，他應該直接發通知，除了寫上「我很抱歉」之外，還要解釋為什麼取消會議。他也應該在說明取消會議理由時表現得尊重有禮，譬如「我明白這有多麼重要……」或是「我們盡快重新安排時程……」。

◎練習暫停，別急著立刻回覆。

● 取消訂閱（unsubscribe）——碰到「全部回覆」郵件鏈延續得太過頭時，可以取消訂閱來因應，不再被打擾。

- 哎呀，我真的不該在喝咖啡以前寄電子郵件——自己修正寫得太快、寄送太快的電子郵件。
- 我無意冒犯，只不過……——此為寄太快的消極對抗型電子郵件的開頭，可以再斟酌一下用詞。

你碰過前面幾種狀況嗎？如同我在本書裡講過好幾次的，**當今溝通管道為非同步進行，意思是多則訊息可以同時出現，擾亂「順序」的觀念**。我們忘記了從長遠來看，欲速則不達的道理，溝通過程不是錯失訊息，就是訊息交錯，結果產生誤會，進而瓦解合作信心，造成承諾跳票或會議取消，還可能導致普遍不採取行動，甚至混亂失序，這個情況更糟。

大家都體驗過的「回覆時間落差」，還會引發另一個問題——寄出第一封電子郵件之後，還沒有得到對方的答覆，情況就已經大為改變。此外，我們坐等回音的時候，對回覆的需求每一秒鐘都在上升，使我們感到沒有耐性、不滿、壓力沉重。對於帶領跨時區團隊的全球領導人而言，這個問題意義重大。

華特迪士尼樂園及度假區（Walt Disney Parks and Resorts，按：此為前稱，現在名稱為迪士尼樂園、體驗與產品〔Disney Parks, Experiences and Products〕）的共享服務領導人山姆（Sam）說：「我在紐約一覺醒來，發現收到五十幾封電子郵件，內容都在討論我們上海辦公室的某個問題。大家感到很驚恐，因為一直沒有收到我的回覆；他們回信之前不先閱讀別人提供更新內容的最新回信，依然不斷寄電子郵件給我，卻沒有想到打電話給我。」山姆帶領公司好幾個團隊，分別管理奧蘭多、上海和巴黎的主題樂園，當其團隊寄發大量不太重要的郵件，串成沒完沒了的全部回覆郵件鏈，他差點氣瘋了。

如果你能忍受盲目的衝動，不立即回覆電子郵件，那麼在接下來的沉默中，你會更有影響力與控制力。除非訊息很緊急或具時效性，否則不要放下手邊的事情立即回覆。慎重、有策略的回覆，更有益於集體利益（包括你自己的利益）。沉默讓我們的視野更寬廣，考慮到各個方面，也讓我們檢視已經發生的事、預測即將發生的事。

在數位溝通上倉促以對，也可能促進團體迷思，破壞團隊創意。舉例來說，當電子郵件鏈中有連續六封信表示贊成，第七個人會更難反對。還有，在視訊會議結束時，匆匆丟出一句：「大家都同意嗎？」聽起來就不像是真心邀請有異議的人表達意見。

額外暫停幾分鐘，重新閱讀你剛剛所寫的文字。思考一下，你所說的話，和你以為自己說出的話一樣嗎？**非同步溝通雖然缺點很多，但是它給我們時間處理自己的言詞，而不是貿然傳出去**，這無疑是個非常實際的優點。在立即回覆和思考周延的回覆之間，不要自動選擇前者，因為後者可能珍貴得多。

如何避免數位團體迷思？

- **答應接下一件任務時，務必謹慎一點，首先要了解所有細節**，包括截止期限是什麼時候、誰會與你一同合作，還有你將取得什麼資源。如果一開始不清楚這些細節，你要積極主動的溝通，在規畫任務藍圖之前找到答案。
- **不要指望一傳出訊息就能立刻得到回應**，你要明白，有時候人們有別的事在忙。除非是緊急事件，否則不妨提醒自己，兩天後追蹤進度；萬一是緊急狀況，對方又沒有在平常所需時間內回覆，你可以嘗試利用第二種管道聯繫他。
- **傳送訊息之前，至少要重新閱讀兩次**。倉促行事不會帶來最佳解決對策。
- **校正文法錯誤和語意不清之處**。你說的是心裡所想的嗎？你提供必要的細節了嗎？你詢問的事情有表達清楚嗎？你有描述工作完成應該是什麼樣子嗎？有說明截止期限和彙報進度的程序嗎？

「我只是想確定……」，有沒有更好的表達方式？

我有個大學室友每次和我當面講完話，都喜歡傳一則後續跟進的語音留言給我：「我只是想確定妳能不能打電話叫打掃阿姨過來，廚房真的很髒。還有，我想確定妳有沒有買紙巾了，我記得妳說會去買。有或沒有都告訴我。」不用說，後來我搬出去時，恨不得把紙巾都帶走。

有誰喜歡收到第一句寫著「我只是想確定……」的電子郵件嗎？我就不喜歡！話雖如此，得體的後續跟進亦是合作的關鍵要素。

我需要得到回覆。要怎麼後續跟進才不會惹人嫌？

- 修改電子郵件主旨，表明這只是要求跟進訊息的郵件，而不是一項新任務。
- 不要傳副本給新的收件者（除非有必要這麼做）。
- 提議用其他方式溝通（例如：我們可以安排個時間講電話嗎？）。

那麼你在跟進任務的後續進度時，應該用電子郵件、簡訊還是電話？詢問別人有沒有收到你稍早傳的訊息，這樣恰不恰當？會不會讓對方覺得你在煩他，或是不信任他？

信心十足的合作，也意味著能夠有策略的跟進最新訊息，知道什麼時候可以做、又該怎麼做，而不會感覺不安。

對待虛擬會議彷若親身參與

有信心的領導人講求井然有序，他們居家整潔井井有條，寄發的電子郵件鮮少錯字，傳送團體訊息時從不會遺漏相關團隊成員。他們為數位通訊建立規範，創造指導原則供團隊依循，並闡明溝通的方式與時機，以及該怎麼使用每一種社群管道才恰當。最後，他們以身作則遵循這些規則。

領導風範出眾的領導人深思熟慮又小心行事，在數位世界中，這意味著反覆確認自己書寫的數位通訊內容，對待虛擬會議彷若親身參與。

數位世界的領導風範是什麼樣子？

- 與團隊合作時設定截止期限。
- 傳送問題明確的清楚訊息，注意「言詞簡短」和「清楚明確」不能混為一談。
- 視訊通話時選定的背景，不會擾亂團體對話。
- 認同團隊成員的個別差異，並且知曉需求不同的原因。
- 以合作的方式，制定、加強團隊溝通的規範。
- 在團隊討論時居中協調，而不是壟斷對話。
- 以身作則，言行忠於自己的信念，並且始終如一。

領導風範在數位會議中十分明顯，譬如領導人會促進有建設性的討論，也懂得避開數位媒介常見的缺點（像是有人搶話或滔滔不絕，或是因為其他事物不停分心）。你會在下文中找到幾種方法，領導人可藉此展現強大的數位領導力。

首先，要了解數位會議比真人會議更需要準備。你應該在會議之前就先發送集體討論的主題，這樣參與者就能事先準備自己的想法。另外，要求團隊成員在會議上提出三個自認最棒的構想，就能避免在現場擬出不完整的解決方案，議程也不會拖沓超時。還有，你可以考慮把團隊分成小組，先針對想要提出的點子面對面討論。如此一來，開會時間就可以運用在已經有效篩選和驗證過的想法上。

即使在數位領域，團隊間信心十足的合作，也包含了創造牢固的承諾。個中關鍵在於暫退一步，先問問自己，有哪些看似不起眼的事物，會促成品質更好的合作：是為使用數位媒介設定規範？還是完整回覆訊息，並且尊重別人的時間？是確保團隊對「成功」的理解，不會被淹沒在電子郵件鏈當中？還是以上皆是？最後這一項倒是很有可能。

你可以利用下頁的檢核表，分析自己的工作場所是否達到信心十足的合作。看看每一句敘述，並依據自己同意與否，勾選相應的格子。當你勾選的「非常同意」越多，就表示組織內部越具備合作信心。

合作信心檢核表

	非常同意	有點同意	有點不同意	非常不同意
團隊定期向彼此報告最新進度，並適當跟進後續事宜。				
你的主管或團隊領導人能夠隨時解答問題、提供支援。				
信守與重視截止期限。				
你的團隊成員不贊成多數意見的時候，還是會勇於提出異議。				

到我的網站看更多資訊：https://ericadhawan.com/digitalbodylanguage

第7章

當所有對話變成文字，沒有人敢放心說真話

「別相信任何人！」這句歷久不衰的教訓，呼應了我的整個童年。我的父母移民美國，除了希望過上更好的生活，也希望擁有更安全的生活。他們教導孩子立身處世的方法之一，是告誡我們遠離危險的人事物。

「如果有陌生人敲門，千萬別應門。」、「不許爬遊樂場那座五階樓梯。」、「別再摸泥巴了。」還有反覆強調的那句話：「絕對、絕對不許上陌生人的車！」我媽說，如果有人想強迫我上他們的車子，我應該大叫著趕快跑掉。

我十一、二歲的時候，有一天放學後要去洗牙。牙醫診所離學校只有幾條路的距離，所以我一下課就抓起背包，開始往那裡走。過了幾分鐘，有個年紀頗大的男子開車經過，他放慢車速，把車窗搖下來，問我需不需要搭便車。

我心裡立刻警鈴大作，想起母親說的話，那些字眼在我腦海裡彷彿閃著紅色的霓虹光。於是我開始奔跑，一路不停的跑進牙醫診所（天底下大概找不到其他像我那麼急著看牙醫的人了）。

我幾乎忘了這件事，直到前幾年才又想起來。當時我在波士頓市生活和工作，因為沒有車子，我不論去哪裡都搭地鐵。有一天，朋友告訴我優步（Uber）這個新東西，還說為他節省了非常多時間。我媽的話再次浮現在我腦海……難道這個朋友認為我會信任一個開陌生車輛的陌生司機？後來，我發現優步的商業模式，讓乘客得以取得司機的照片和姓名，反之司機同樣能拿到乘客的照片和姓名。優步提供的資訊，還包括其他乘客給特定司機打幾分、優步計程車需要幾分鐘才會抵達我叫車的地方，我甚至可以追蹤上車之後的行車路線。

於是我預約了自己的第一趟優步行程，結果和廣告說的一模一樣——安全、方便、有效率。我的信任感隨著時間增加，上陌生人車子這件事，逐漸從完全無法想像的念頭，轉變成每天兩次的活動。

我的意思並不是說，團隊之間達到全心全意的信任，就像叫優步計程車一樣輕鬆便利。可是這兩者確實具備相同要素——**創造具安全感的環境，讓成員感到足夠自在，進而開口表達或承擔風險**。要創造全然信任的文化，領導人得願意花費心力增進心理安全感，就像優步為此一手打造出評分系統、追蹤路線功能，以及查核司機背景的做法。**理想上，當我們在實務上完整做到清楚可見的重視、謹慎小心的溝通、信心十足的合作，接下來自然會達到全心全意的信任**。

有句話說：「獨木難支。」指事情非常重大，非單獨之力所能支持。換言之，當我們在通往全心全意信任的路徑上，清楚可見的重視他人，就是展現我們尊重對方的程度，和我們期望自己受到的尊重相同。例如莎拉（Sarah）熬夜替上司卡倫（Karen）趕一份羅列問題清單的簡報後，卡倫回覆了一封簡短的電子郵件：「收到了，謝謝，我星期二回來再看。」卡倫曉得若是拖到星期二再回覆，會對莎拉很失禮，害莎拉以為哪裡出錯了（其實他只是沒有時間先查看）。因此卡倫花點時間傳送訊息，確保莎拉感覺自己受到重視。

你應該已經猜到，謹慎小心的溝通是另一個基石，以助於打造全心全意信任的文化。想像一下，莎拉花了好幾個星期做出那份簡報之後，卡倫卻告訴她，行銷部門提出不一樣的策略，摒棄莎拉提出的所有建議，這時莎拉會有多焦慮？如果卡倫先花時間和行銷團隊協調過，就可以省下莎拉很多時間和工作。

全心全意信任的文化，尤其要求信心十足的合作，竭力避免到最後一刻才改變計畫或打破承諾。你可以靠著清楚可見的重視與謹慎小心的溝通，採用大家都同意的策略，不過要是卡倫是個反覆無常的領導人，遲遲不採取行動或下達困難的決定，那麼一切都會分崩離析。同理，缺乏究責標準的團隊會拖延截止期限，不然就是工作成果不怎麼樣，又不曾收到有建設性的回饋。團隊需要知道，他們能夠依賴領導人和其他成員。

彼此信任？太多主管只說不做

有些領導人正確闡釋何謂「勇於發言」和「承擔責任」，可是太多人只說不做，或是碰到團隊成員真的這麼做時，既不支持他們，也不授權給他們。

行李箱公司 Away 的一位員工這樣評論公司執行長：「你可以聽到她在打字，這時候你就知道大事不妙了。」

表面上史黛夫．柯瑞（Steph Korey）的人生一帆風順，不到三十歲就拿到哥倫比亞大學企管碩士學位，然後立刻在當今炙手可熱的新創公司 Warby Parker 找到工作。有一天她和朋友珍．魯比奧（Jen Rubio，也是以前在 Warby Parker 的同事）集思廣益，魯比奧想出一個她自認必定能成功的點子：行李箱！超讚的行李箱！吸引人的行李箱！她們兩個一起做了一些意見調查，測試這個創業點子，很快就籌到資金十五萬美元，然後到中國找廠商代工生產，監督製造 Away 行李箱的第一批原型。

二〇一六年初，Away 公司的首批行李箱上市。兩年之後，柯瑞和魯比奧的名字都出現在《富比士》（*Forbes*）的「下一批估值十億美元新創事業」和「三十位三十歲以下精英榜」（柯瑞還成為後者的封面人物）。

從外表看來，柯瑞似乎深耕著全然信任的理想，以這樣的公司文化帶領 Away 團隊。她對記者強調她「（賦權）給組織的所有階層進行決策……（創造出）奠基於成長與學習的文化」。她在《富比士》拍攝的影片中說，在 Away 迅速成功的軌跡上，「如果我有那麼一點功勞，那就是建立一支了不起的團隊」。表面上看，Away 公司的工作場所具備全心全意的信任……至少表面如此。

可是在背後，那支了不起的團隊裡，有很多人抱持截然不同的黑暗看法——Away 有不為人知的一面，執行長本人（也就是柯瑞）帶頭主導羞辱、霸凌、煽動不信任的文化。如果柯瑞寫電子郵件給同事和團隊成員，或是在語音信箱留話給他們，卻沒有得到回覆，她會大吼大叫：「搞什麼鬼啊？」柯瑞甚至在一封電子郵件裡，稱她的團隊為「千禧笨蛋」。碰到這種情況，團隊的反應是噤聲不語，許多成員經常快哭出來了，還有個員工說：「我們就是用來讓她發洩的。」

Away 公司的恫嚇與恐懼文化，也表露在數位文化上。員工所寫的任何文字，都可能成為柯瑞拿來長篇大論或嚴詞申誡的素材；她禁止員工互相寄電子郵件；員工想在 Slack 上發直接訊息，內容只准是小小的請求。有一次，柯瑞發現公司的四名員工在 Slack 的熱門主題頻道（#HotTopics，知名商業議題虛擬討論管道）上議論她，旋即炒了他們魷魚。公司裡沒有隱私可言，也沒有可以抱怨的地方，員工時時害怕遭到報復。還有一次，柯瑞在凌晨三點鐘傳了一則訊息，通知工作過勞、人力過少的顧客服務團隊，除非他們解決掉她發現的顧客服務問題，否則誰也不許停止工作，不准申請休假。

彼此滿懷信任的組織，和 Away 猶如天壤之別。全心全意信任程度高的企業會鼓舞團隊辛勤工作，因為組織對他們的重視清楚可見，當他們接近目標時，組織也會提供支援。高度信任的組織會謹慎小心的溝通，鮮少碰到誤解的狀況。此外，這樣的組織可以信心十足的合作，因為他們克服了團隊互動中的恐懼。

領導者的職責，是讓員工免於恐懼

二〇一六年，微軟大張旗鼓的在推特平臺上，推出一款人工智慧聊天機器人。該公司宣稱這種新工具將開闢通往新時代的路徑，那會是人類與人工智慧對話的新時代。這個機器人名叫泰伊（Tay），設計宗旨是「輕鬆好玩」，沒想到推特用戶很快就找到設計團隊忽略的「弱點」，不當使用機器人，教它在推特上張貼極為不恰當、而且應受譴責的文字與圖像。隨後媒體上出現關於泰伊的新聞，標題包括「推特用戶在一天之內，把微軟人工智慧聊天機器人教成種族歧視的渾蛋」，還有「二十四小時內教壞單純的人工智慧聊天機器人」。

就這樣，泰伊推出不到一天，就永遠退出市場，逼得微軟公司執行長薩蒂亞・納德拉（Satya Nadella）發表直接、體貼、謙遜的道歉，表達「對於泰伊傷害任何人感同身受」。

有人要倒大楣了，對吧？沒有。納德拉不但沒有懲罰他的開發團隊，反而寫了一封電子郵件鼓勵團隊：「繼續努力，要知道我和你們站在一起。」他還說：「關鍵是持續學習與改進。」後來納德拉告訴《今日美國》日報（*USA Today*）：「領導人不可驚嚇員工，這點太重要了，而是應該給予員工空中掩護（air cover，按：來自軍事用語，原意是飛機飛到空中抵禦敵方空襲，以保護地面的部隊，放到企業意指首先面對問題並設法解決），以解決真正的問題。**如果員工出於恐懼而做事，就很難或不可能真正推動創新。**」

當大家全心全意的信任彼此，那就會在行動和溝通時展現出來，不論時局好壞。

全然信任的工作文化是什麼樣子？

- 上司傳送行事曆邀請給你，但沒有說明來龍去脈，或是傳簡訊給你，說他有急事找你談談時，你不會因此感到焦慮。
- 所有員工積極、認真的參與團體討論，不論是真人會議或數位管道都一樣。
- 資淺員工願意開口表達，分享不同於他人的意見。
- 電話會議或視訊會議中，所有觀點都會受到傾聽，很少被打斷。
- 霸凌行為很罕見，萬一真的發生，也會很快被阻止。
- 因為人人都尊重每一種媒介的規範，所以數位通訊中沒什麼焦慮感。
- 團隊成員在電話會議中默不作聲時，你不會自動假設他們在分心做別的事。
- 在預計限定時間內沒有得到回覆時，你不會驟下負面結論。

負面骨牌效應，部屬會有樣學樣

你身為領導人，言行模範最終也將展現在團隊文化上。如果你在指派任務與責任時，交代得不清不楚，事後又責備團隊無法達到你想要的成果，這樣就會破壞信任感。假如有人挑戰你的想法，你立刻予以駁斥，無異是進一步侵蝕全公司的心理安全網，也等於是默許你的團隊成員駁斥其他成員。

史考特（Scott）監督自己公司重組時，意識到必須開除行銷總監，因為他的工作表現太差了。然而兩個月後，行銷總監還是留在原位，每每有人問起，史考特都回答：「我實在做不到。」他曉得自己應該怎麼做，才能讓公司好好成長，可是一旦開除行銷總監，那麼所有尚未完成的計畫怎麼辦？而且這麼做還有喪失外部人脈的危險。

問題是，不開除行銷總監，反倒令史考特的團隊感到很困惑。史考特真的有心改善業務嗎？有些團隊成員開始質疑，上司是否有能力做出困難的決定。他們開始在會議上詢問史考特：「你確定嗎？」直到後來發生一件事，問題再也蓋不住了——有一天，史考特的一個部屬遲遲沒有開除一名同事，理由是如果史考特這麼反對開除員工，為什麼他不能有樣學樣？史考特一明白自己造成了負面骨牌效應，就立刻開除行銷總監。事後他寫了一封電子郵件給團隊，承認道：「我早就該採取行動了，現在我明白我的行動有多麼舉足輕重。」

創造心理安全感，放心說真話

有心理安全感表示能夠說真心話，不怕對你的自我形象、地位、事業帶來任何負面後果。一家公司若缺少心理安全感，就沒有人會開口說真話。（萬一說錯呢？萬一同事對他們指指點點或責怪他們呢？）

哈佛商學院教授艾美．艾蒙森（Amy Edmondson）建議領導人：「明確指出前方存在巨大的不確定性，且需要大量的互相依存……換言之，**要清楚表示尚有地方需要解釋，所以每個團隊成員的意見都很重要**。舉個例子，你可以這樣說：『我們從沒經歷過這個，無法預知將來會發生什麼事，所以我們必須集結所有人的腦袋和意見。』」

團隊的心理安全感有多深？

公開談論心理安全感固然重要，但也應該有一套評估程序。問問你自己和團隊成員，對以下這些陳述感到非常同意、有點同意、有點不同意，還是非常不同意：

一、如果我犯錯，往往會被怪罪。

二、團隊成員能夠提出問題和棘手的議題。

三、有時候員工因為和別人不一樣，會遭到排拒。

四、承擔風險是安全的。

五、要求團隊的其他成員協助，是件困難的事。

六、沒有人故意在某種程度上，破壞我的努力。

七、我獨特的技能與才華，受到肯定與重視。

你和團隊針對上述這些陳述（包括數位還是真實環境），同意（或不同意）的程度高低，直接顯現了團體中的心理安全感有多深。對你和團隊而言，這可能是很有效的練習，有助於建立全心全意的信任。

（修改自艾美．艾蒙森的「團隊心理安全感評估」〔Team Psychological Safety Assessment〕。）

藉由恰當的措辭，允許團隊大聲表達意見，就能將團隊打造成一股堅強的力量，可望破除前方的任何障礙。這就是信心十足的合作。

若想達成效果，領導人必須將微軟執行長納德拉視為榜樣，遵循他應對錯誤或爛點子的方法：**批評行為，不要批評個人，同時堅定不移的支持你的團隊。**

領導人不是萬能，要強調自己的不足

領導人越強調不足之處和學習，團隊成員就越容易開口表達、提問題、擁抱不自在和不確定。一些簡單的陳述如：「我好像錯過了什麼，我需要你說給我聽」、「我承認那個工作不是我的強項，我很樂意聽聽你的建議」，能鼓勵團隊開口表達，也能提醒他們，你非常珍惜他們的貢獻。有人回饋時，你要很有風度的接受：「你的意見很好。這方面我們以前做得更好，後來是我們疏忽了員工溝通。我保證以後一定會改進。」

在一對一溝通時，要嘗試找出團隊可能的不足之處。例如，威爾（Will）是臉書的團隊領導人，他通常會在一對一溝通時詢問團隊成員四個問題：你現在在做什麼案子？哪個部分進行得很順利？哪個部分不順利？我能幫上什麼忙？根據團隊成員每個月的不同需求，威爾發現自己同時扮演治療師、教練、啦啦隊長、支持者的角色。

展現不足之處可能很有挑戰性，**根據個人職銜或公司角色不同，別人對他的不足之處也會有不同看法與判斷**。舉例來說，執行長所提的問題自然比實習生或中階主管提的更有分量，哪怕提問的內容根本完全相同。另外，**根據當事人的性別、年紀、文化**（本書第三部會進一步討論），**人們對其評論和行動的理解也會有所不同**。儘管如此，我們仍然應該選用心理安全感最高的管道和風格，克服這些差別，達到溝通的目的。

＊　＊　＊　＊　＊

領導人的主要責任是建立心理安全的氣氛，但這不代表其他團隊成員覺得自己使不上力。在創造全然信任的環境時，每個人都很重要。既然如此，我們可以做些什麼，來增加同儕之間的信任感呢？

◎人家為什麼應該相信你？你得先蒐集資料。

依我的經驗，大多數人都不會一下子把自己的每一面都暴露出來，而是慢慢的、一點一點的展現自己。那麼我們要如何揭露表面下的東西，顯現自己的本色，說出真正的想法和感覺——簡單來說，就是講出究竟發生什麼事呢？

舉個例子，你可能發現自己寫了這麼一則訊息：「嗨，約翰，我叫羅伯特（Robert）。我瀏覽了您的網站，感覺我的公司，也就是╳╳公司，有一項產品正好符合您的需求……。」抱歉，可是這聽起來實在太陳腔濫調了。你應該走出去，實際做功課，研究那家公司的網站，盡量多閱讀相關的部落格貼文，然後評估那家公司需要什麼，你怎樣才能幫上最多忙？

還有，人家為什麼應該相信你？一旦蒐集好這些資料之後，你再試試看：「嗨，約翰，我叫羅伯特。首先，我要告訴你，我很欣賞你那篇關於去年小學新方案的貼文，這一招鼓舞團隊精神和回饋社區的手法太酷了。」從那個點繼續延伸下去，你擁有的每一點細節，都可以開始用來發展信任。

◎運用開會前五到十分鐘，導入數位茶水間時光。

研究顯示，**人們從真實辦公室轉變到遠距上班時，最懷念的是自發性建立關係的社交活動**，譬如走到別人的辦公桌前打招呼、聚在休息室討論最新的追劇內容，或是關心心煩意亂的同事。這些「茶水間互動」是建立同伴情誼、提高士氣、增加信任的關鍵要素。此外，這些活動也讓我們待在消息圈內，了解組織內現在究竟是什麼狀況。

那麼，在缺少實體茶水間的時候，你該怎麼做？

答案是創造一段時光，讓同事可以一起消磨時間、找樂子。你不必嚴密規畫一場社交聚會，**只需要好好運用團隊開會的前五分鐘到十分鐘即可**。你的團隊應該會因此感到自在，心知他們除了工作以外，顯然還有正常的生活。

有一個完全遠距上班的團隊成員告訴我：「每天早上我們都會從Zoom全員會議開始——你昨天做了什麼？今天呢？你有碰到任何阻礙嗎？一天結束時，我們又開另一次會——什麼方法管用？什麼不管用？我們嘗試了什麼？這是大家慶祝成功、分享挑戰、創造分界線的絕佳方法。」

Covid-19病毒大流行造成全美封城隔離之後不久，某家人才招聘公司的團隊討論著一個主題：當突然轉變成遠距上班，虛擬歡樂時光是如何引導成員度過這個變化？有位團隊成員回憶道：「我和大概六十個同事共度一個小時的虛擬歡樂時光，我們歡笑、慶祝、交流，看到同事家裡非常可愛的孩子和他們後院的寵物。我們決心保持這項傳統，這太有幫助了，大家士氣變得好高昂！」

如此這般，應用程式Zoom在其他地方化身為新的社交咖啡屋，員工齊聚一堂，分享虛擬餐點。過了幾個月之後，社交型Zoom聚會的參與者普遍變少了，不過團隊成員感到很欣慰，因為他們曉得如果任何人需要社交互動，這些聚會就可以重新開張。

凱倫（Karen）在非營利機構上班，她告訴我：「我的團隊決定每星期舉行三十分鐘電話會議，內容和工作無關，只是打屁閒聊找樂子，談談正面積極的事情，聽聽看大家都怎麼利用在家的時間。」

十二個問題，檢測團隊信任程度

理想上，團隊需要某種檢測方式，以評估他們在促進全心全意信任的文化上面，究竟做得好不好？下頁的數位肢體語言問題指南表格，有助於評估你的領導力和團隊。

現在你可能會好奇：「假如我採取所有需要的步驟，在我的團隊裡創建這四大支柱，接下來我究竟能期待得到什麼結果？」

答案揭曉——**你可以期待得到一個有韌性、有適應力的組織，無論處境好壞，都會凝聚在一起。**

當你做到**清楚可見的重視**：團隊成員上班時，心裡會懷著興奮與衝勁。他們受到激勵，願意做出有意義的貢獻與創新，促使員工投入、留住人才、提高生產力。

當你做到**謹慎小心的溝通**：團隊如同單一、統一的前線，迅速且有效率的完成計畫，並且安心的提出開創性構想。

當你做到**信心十足的合作**：你會讓組織上下的立場一致、擁有共同目標，既沒有誤會，也沒有輕微歧見的雜音，進而促成跨團隊合作、創新、顧客忠誠以及行銷效能。

當你做到**全心全意的信任**：你會創造出高度信賴的組織，底下員工說真心話、遵守諾言、兌現承諾，進而使客戶／消費者營收成長，提高成本效益。

團隊信任檢核表

清楚可見的重視	・我們是否覺得自己的時間受到尊重？ ・我們是否感覺自己最好的工作成果得到肯定與表揚？ ・我們開口表達擔憂時，內心是否自在？
謹慎小心的溝通	・我們對於事情輕重緩急和下一步要採取什麼行動，是否有共識？ ・我們是否清楚了解要使用什麼溝通管道、又該什麼時候使用？ ・我們有明確的用語與字彙可以促進了解嗎？
信心十足的合作	・是否所有恰當的利害關係人都感受到認同和立場一致？ ・我們是否認為正確對象已收到通知——他們也都把訊息好好的傳下去了嗎？ ・我們是否覺得團隊間的溝通方式始終一致？
全心全意的信任	・面對不確定時，我們會假設彼此無過失嗎？ ・我們是否感覺夠安全，所以開口表達意見也無妨？ ・我們是否創造了非正式的社交聯繫時光？

到我的網站看更多資訊：https://ericadhawan.com/digitalbodylanguage

以下這張圖，總結了我們在第二部學到的所有內容：

數位肢體語言的四大守則

第三部

數位肢體語言的世代分歧

人們在工作的時候怎麼合作？我長期對這個議題感興趣，拜此興趣之賜，我經常受邀演講，場合多半是聚焦在企業成長、團隊合作、創新等方面的活動。

某次活動由某大投資銀行主持，我專心聆聽銀行的人力資源總監演講，他不斷強調「包容」（inclusion，或譯融入）的重要性。現場聽眾是大約一百位升遷不久的襄理，這位總監試著鼓舞大家參與，他問：

「你們當中有多少人，曾經自覺格格不入？」

沒有人舉手。事實上，在場幾乎每個人不是低頭，就是左顧右盼。沉默瀰漫整個大廳，顯然沒有人打算在這個白人男性高階主管，還有一百個剛剛升任襄理的同僚面前，承認自己曾經感覺被排擠。

想想看，那位人力資源總監當時有沒有更具包容性的辦法，可以提出這個問題，然後得到誠實、坦白的答覆，藉此給公司提供一條真正的改進途徑？

再想像一下，如果這位人力資源總監改在團體電子郵件、簡訊或視訊會議上，提出相同的問題，結果會怎樣？令人遺憾的是，結果也會一樣。**數位溝通向來被視為促進平等的絕佳利器，然而如果在真實世界中缺乏全心全意的信任，那麼網路上的不信任感只會加重，而**

不會趨緩。

某個年輕的同事語氣聽起來太隨便；某位法國同事遲遲不回覆訊息；某人傳來的表情符號很不恰當，有性別歧視的嫌疑——當這些事情惹我們生氣時，請務必問問自己，有沒有可能只是我們誤會了。同樣重要的，是問問自己：我們是否也曾經發出令別人不解的訊號？

當我們不善加利用自己的數位團隊所具備的多元經驗與判斷時，會錯過什麼？答案很簡單：會錯過的太多了。

第三部要討論的，是你可以如何透過了解數位肢體語言線索，跨越各種差異，加強團隊的參與感、生產力和士氣。

此外，我還是忍不住要說，在這些章節，我除了引用第三方研究外，還會從我這個印度裔美國婦女，以及自稱在美國長大的「老齡千禧世代」（geriatric millennial，按：於一九八〇年到一九八五年間出生的人，不僅熟悉老一輩的行事方式，還能輕鬆駕馭現代技術）的角度發言。因此，我即將討論的數位肢體語言差異，可能無法引起所有讀者的共鳴。人的成長背景、性格、權力階級、工作風格，都難免會增加其溝通習慣的細微差別與特殊性。我只希望讀者在閱讀這些章節時，願意直接面對可能不太舒服的真相，以及你自己可能存在的偏見。一旦少了這一步，組織將永遠無法充分發揮潛力。

第8章

這些無意義的虛詞，不要用

我還是個小女孩的時候，我母親告別前途輝煌的醫生身分，回歸家庭撫育我們兄弟姐妹，這對她來說並非總是順心如意，可是母親做得好極了。我們都上大學之後，她不必再照顧孩子，不必再接送小孩上下學，不必再檢查、確保我們的考試成績都得 A，我記得那時她面臨很大的挑戰。我對自己發誓，有朝一日我一定要竭盡所能兼顧家庭和工作——如果做得到的話。畢竟我是二十一世紀的女性，我認為自己能夠兼顧兩者，對吧？

時間快轉二十年，我結了婚，懷了第一個孩子，忽然發現自己在想：「等等，萬一我真的沒辦法兼顧家庭和工作怎麼辦？」那時我的演講事業剛開始上軌道，我很詫異的意識到，自己居然很不情願告訴客戶我懷孕的事。如果客戶認為我生了孩子以後就不再工作怎麼辦？如果他們不再僱用我呢？萬一我的事業就這樣化為泡影呢？

於是，我設法瞞下自己懷孕的消息，盡可能拖延必須坦承的時間——我依賴數位溝通多於面對面會議，也大量減少演講活動。在我兒子出生的一週之前，我在一場 Webex 視訊研討會開始前三十分鐘，不斷調整鏡頭角度，想盡辦法讓自己看起來不像懷孕的樣子。我記得當時心裡非常感恩，螢幕的存在讓我得以繼續自己的事業。

兒子出生之後，大部分人都曉得我當了媽媽，而我的事業也開始突飛猛進。儘管如此，我仍記得自己不得不把當媽媽的生活，經常隱藏在視訊螢幕後面。回想當時，我赫然發現兩性之間建立信任關係的關鍵之一，在於體認自己的恐懼，且做決定時不要把恐懼投射在他人身上。

這並不是說女性已經不再被看輕，因為我們依然要面對這樣的障礙，尤其是在風險投資、科技之類由男性主宰的行業。

二〇一五年，佩內洛普．蓋金（Penelope Gazin）和凱特．德維爾（Kate Dwyer）創辦了 Witchsy 網路市集，販售罕見的藝術品。有時她們在與顧客、藝術品買家、科技開發商溝通時，會感到困擾——她們多半使用電子郵件互動，對方回信時口吻偶爾顯得高高在上，甚至到了粗魯的地步。

於是，蓋金和德維爾決定「請來」一位男性共同創辦人——齊斯（Keith）。對了，齊斯根本不存在，他是個虛構人物，奉命「負責」所有對外聯繫的工作。

不出所料，也有點令人沮喪，**有了這麼一個「男性共同創辦人」，大大影響了蓋金和德維爾的事業**。

事實上，德維爾對雜誌《快公司》（*Fast Company*）的記者說：「差別之大就像白天和黑夜。以往我得等好幾天才能得到回覆，而齊斯不但收到回覆與更新近況，對方甚至會問他需不需要別的資訊，或有沒有其他地方需要協助。」

這很令人喪氣，但現實就是如此。

在性別議題上，還有事情比寄發電子郵件、即時訊息給主管和部屬還敏感，例如在工作電子郵件中互傳表情符號，或是不小心轉寄內容不妥當的電子郵件給整個組織，總之工作場所中的兩性溝通，令人緊張焦慮。

一九九〇年，黛博拉・坦南的著作《男女親密對話：兩性如何進行成熟的語言溝通》打開了讀者的眼界，看見男性與女性之間「對話儀式」的對比。一九九二年，大眾心理學家約翰・葛瑞（John Gray）出版筆調更輕快的作品《男人來自火星，女人來自金星》（*Men Are From Mars, Women Are From Venus*），把這個話題炒得更熱。他的書證實了大家早就相信的事，那就是**男人和女人溝通、理解、表達欣賞的方式，真的是天差地遠**。

如今幾十年過去了，性別差異依然影響數位溝通。當我們回覆電子郵件時，會假設來信的副本收件人約翰・史密斯（John Smith）是上司，而真正寫信的寄件者凱倫・貝芮（Karen Barry）是他助理；我們收到信後，會立刻回覆湯姆（他在群組郵件中的說明總是很坦率、快速、就事論事），卻會等個二十四小時才回覆莎拉（她寫的電子郵件既冗長又鉅細靡遺）。以上這兩個例子，都顯示我們不知不覺懷有偏見。

數位化使得本來就緊張的通訊領域更形複雜，與此同時，我們也別忘了，「包容」亦會變得複雜。隨著工商世界逐漸調整腳步，越來越包容性別光譜上不同位置的人，我們必須注意到，這些改變如何擴大歷史上的性別偏見，製造更深的誤解。

男性追求地位，女性強調親密感

儘管科學還沒有涵蓋到所有性別光譜的孩子，但是研究顯示，**傳統的男女性別規範在幼年時期就已生根。**「兒童從兩、三歲起就展現出以下模式：小男生比較直來直往，小女生比較委婉。」語言學者蘇珊．賀琳指出：「學步兒童在學會說話或動作之前，就已經被灌輸『女生應該顧慮他人情緒和期望』的思想。而對男生來說，衝突不僅無傷大雅，甚至會受到鼓勵。」

等到兒童社會化之後，這些性別差異在父母、老師微妙的鼓勵下，只會越來越顯著。人類學者丹尼爾．馬爾茲（Daniel Maltz）與魯斯．柏爾珂（Ruth Borker）發現，男孩、女孩與朋友說話的方式相互分歧。儘管兒童不分男女都會參與許多相同的活動，可是他們喜歡的遊戲不一樣，用語也不相同。小女生喜歡在小團體中玩樂，而且往往是兩人一組；她們的社交生活常以一個最親近的閨密為中心，且親密的友誼經常來自分享「祕密」。反觀小男生，喜歡和大團體一起玩，往往還在戶外遊戲；和女生不同，他們不太愛「講」事情，而是花更多時間「做」事情來建立地位。

等出了社會，傳統上男性被制約成努力站上舞臺中央以追求地位，他們講故事、說笑話、誇耀自身技能、爭論誰在哪方面「最厲害」。至於女性一般被制約得極為強調親密感，用建議而非命令的方式來表達個人偏好。想聽女性吹噓自己？算了吧，那樣就不謙虛了。

早些年，男女差異顯現在學校課外活動；如今就業之後，性別差異一樣出現在職場和整個數位世界。

想想看，在公司場景中，一位權力大的成功男性給你什麼刻板印象——電影《華爾街》裡的哥頓．蓋柯（Gordon Gekko）、電視劇《廣告狂人》（*Mad Men*）裡的唐．德雷柏（Don Draper）就很典型。這位男性的聲音低沉、信念不可動搖，他的肢體語言充滿地盤意識（關於男性自信的展現，本章後面會再深入探討「數位男性說教」）；反觀他經驗不足的同輩，喜歡嬉鬧、講笑話、拳頭碰拳頭、惡作劇。在團體情境中，他們大膽表達看法，就算竊取同事的創意據為己用，也不會良心不安。

和男性不同，女性通常喜歡和人數較少的團體相處，成員都是地位相當的女性同儕（或是只和一位閨密往來）。相較於男性，女性更容易受親密的友誼吸引。這類典型人物是電視劇《無照律師》（*Suits*）裡的唐娜（Donna）和瑞秋（Rachel），或是《廣告狂人》裡的瓊（Joan）和佩吉（Peggy），通常不太講笑話或惡作劇。

權力大的女性不見得是工作場所裡聲音最大的那一個，而是最聰明、最能勝任工作的人。女性的地位和權力越高，往往越會學習採納傳統男性的肢體語言和溝通方式。雖然如此，女性不論在公司晉升到多高位置，仍然比男性更善於透過建立團隊來獲取成功（這是女性養成的終身習慣）。

傳統性別差異在數位領域中如何呈現？我們能夠做些什麼？

承認你自己的性別偏見——我們都有

想想看，在社會規範齊備的世界裡，一些與性別有關的刻板印象是如何運作的？舉例來說，你收到一封女性寫來的電子郵件，內容簡短、切入重點、沒有瑣碎的細節。結論：她這個人八成愛指使人、獨斷獨行，而且可能不太友善。接下來第二封郵件，是男性寫來的，內容簡短、切入重點、沒有瑣碎的細節。結論：他這個人有自信，掌握全局，不能容忍笨蛋。**簡而言之，即使是同樣的電子郵件，也可能因為寄件人的性別不同，讓收件人產生不同的反應。**

我們具有這種無意識的偏見，並不全然是自己的錯。事實上，很多偏見不是我們能控制的。哈佛大學的「內隱計畫」（Project Implicit）是一個非營利組織，專門教育大眾了解何謂內隱偏見。他們為內隱偏見所下的定義是：「人們可能不願意或無法說出口的態度與信念」，比方說：你可能相信兩性與科學有著同等關聯，可是你（像其他很多人一樣）會自動把男性和科學連結在一起，比較不會將女性和科學相互連結。

沒有人逃得過這些偏見，女性也不能，即使偏見和我們自稱的「信念」相牴觸，也無法擺脫。儘管如此，如果能夠了解性別偏見什麼時候會冒出頭來、以什麼方式出現、又有何深層原因，這些資訊就能大大發揮作用，幫助我們在工作場所創造更良好的合作。

在數位肢體語言的世界中，性別偏見是什麼樣子？以下是一位經理在工作中收到的電子郵件回覆：

桑德拉（Sandra），我愛那張白紙！！！——M，xx

看到這句話，你的直接反應是什麼？

你是不是在猜測寫下這則訊息是男性還是女性？

是女性寫的，對吧？你已經破解一連串無意識的線索——用額外的驚嘆號延續情感，或用笑臉暗示友好，「xx」是代表親吻的簡略符號（順帶一提，在工作上不管男女都非常少用這個符號）——大概認定這封電子郵件就是女性寫的。

提醒你，這則訊息的內容完全沒問題，可是很多人都會下意識認為很「女孩子氣」。當我們對於寄件人身分的額外假設超越了性別，這又會產生別的問題。

上述這些，並不是指我們不給數位工作場所裡的女性正面假設，因為我們實際上還是會給予正面的假設。舉例來說，大家總覺得女性寄發電子郵件的速度比較慢、不過內容比較完整，她們會結合更多來自他人的回饋，回答先前提到的所有問題，並在回覆信件之前暫停一下。

研究顯示，我們也相信在網路溝通方面，女性的表達能力比男性更好。對此，作家伊莉莎白・普蘭克（Elizabeth Plank）這樣解釋：「即使我想要糾正或處理正在討論的議題，卻覺得自己需要表現得友善、熱情、有吸引力。當我必須請某人做某件事時，卻覺得自己需要用淑女的語言（很多驚嘆號、表情符號、GIF動圖）好好包裝，才不會被當作潑婦、賤人或其他關於女人的刻板印象。**男人可以直來直往，女人往往無法那樣隨心所欲。**」

相對而言，男性的數位溝通經常充斥簡短、快速、就事論事的陳述，內容往往是簡單的「發問」或者實事資訊。他們痛恨瑣碎的細節！另外，他們不會用「親愛的吉姆」這種話來打招呼，因為看起來太肉麻，所以只用「吉姆」或乾脆用更短的縮寫來稱呼。男性比較少用表情符號，通常也不認為有需要使用額外的標點符號。

如果網路世界和商業世界由大膽、果斷、男性化的溝通主導，那麼競爭和直截了當就是普遍的對話規範。大多數男性被要求接受這種遊戲規則，與此同時，溝通時喜歡直來直往的獨斷女性，有時會被認為冷漠、無情或苛刻。

以下我要分享一些例子，是不同男性化與女性化風格程度的數位肢體語言。我明白有些人可能覺得這些標籤會限制個人，但你不必對號入座，反而應該利用這些例子，發現自己的習慣和潛在偏見。

男性化數位肢體語言

- 在不同媒介之間，自信滿滿的轉移對話。
- 避免使用表情符號或過多標點符號。
- 確保訊息簡短、有條理、切中要點。
- 在電子郵件中使用帶有項目符號的條列式清單，並寫上清楚明白的主旨。
- 書寫電子郵件時，經常寄送副本給上級，目的是爭取讚美，哪怕沒有必要也會這麼做。
- 使用加強字眼，讓他們的訊息更果斷、更明確，例如：「永遠」、「絕對」、「明顯」。
- 回覆得很快。

女性化數位肢體語言

- 比起透過數位媒介開會，更偏好面對面開會。
- 字裡行間帶著瑣碎的細節和禮貌，加上模稜兩可的用語，例如：「也許」、「可能」、「我認為很可能」。
- 使用強烈的形容詞、不標準的拼字方式及標點符號，來流露情緒，例如：「超超超級」、「?!?!?!」、「可笑」、「不~行~」。
- 總是會校對訊息。
- 回覆得較慢。

下頁是茱莉（Julie）和蒂芬妮（Tiffany）兩人的簡訊對話，她們是老朋友，傳簡訊只是要看看彼此情況如何。

她們之間究竟發生了什麼事？

茱莉：嘿

蒂芬妮：嗨。

茱莉：妳好嗎？好久不見！好像一輩子沒跟妳講話了

蒂芬妮：還好

茱莉：工作怎麼樣？家裡呢？

蒂芬妮：很忙。

茱莉：哎呀，妳撐得過來嗎？

蒂芬妮：我很好。

茱莉：妳拿到考績了沒？

蒂芬妮：沒

茱莉：好吧，我再找時間和妳聊吧……

蒂芬妮：拜。

讀完這段對談的男人，結論大概都差不多：蒂芬妮很忙，沒有時間再講下去（**男人大多會忽略任何與友情強弱有關的訊號**）。然而大部分女人會讀出不一樣的味道。蒂芬妮的用詞一點也不婉轉，而且沒有提到任何細節，也沒有你來我往的問答——沒錯，她肯定在生這個朋友的氣。為什麼？不曉得，但記住她們的話。

我們都對男人、女人如何溝通，抱持偏見和期望，可是別忘了，這些不見得都是對的。**偏見和期望也可能受到其他因素影響，這些影響有的很明顯、有的很微妙，包括一個人的年紀、國籍、公司文化在內。**有個客戶告訴我：「我的團隊裡有兩位男性，其中一個通訊時非常草率，另一個超愛用驚嘆號。我認為主要影響他們風格的是年齡和文化，而不是他們的性別。」花旗集團（Citigroup）的高階主管蘭妮（Laine）補充道：「我參加的一個訓練小組，成員大多是女性，而我同樣身為女性，卻在寫電子郵件給她們時感到很苦惱。我發現小組聊天時簡直情緒氾濫，這不是我本來的表達方式。」蘭妮解釋說，她本來的風格來得更直接、更簡潔。

以下是你可以採取的幾個強力行動，以達到最明確的兩性溝通。

「你想要執行該計畫嗎？」這樣對員工講話OK嗎？

如果你和大多數人一樣，那麼你很可能已經發展出讓自己覺得自然的數位肢體語言。然而在工作場所中，這樣的肢體語言不見得總是合適。我們都需要弄清楚，何時該讓自己的數位人格閃耀突出，何時應該順應自己辦公室文化中的期望，無論期望是清楚抑或隱晦。

杰克（Jake）是名列財富五百大企業的某製藥公司行銷長，幾個月前我和他一起吃晚飯，討論他團隊裡的人才。杰克特別指出他有個非常優秀的手下——二十七歲的潔西卡（Jessica）。潔西卡身為幕僚長，職責之一是派發任務給所有團隊成員，杰克很欣賞她在現場團隊會議上自信的說話風格，以及出色的專案管理技巧。可是為什麼她的數位溝通風格卻那麼……呃，平凡普通呢？

潔西卡寫電子郵件時有個習慣，會用問題或者建議的方式分派工作給其他人，比如問：「你想要和Y一起做X計畫嗎？」或者是：「我想說把你分去做X計畫，這樣可以嗎？？？😀😀」杰克擔心潔西卡的風格和語氣，讓她看起來不成熟、沒把握、缺乏信心，甚至容易被其他人影響。

杰克在期中考績評量時把潔西卡找來談談，他直白建議潔西卡，改變她與員工在線上溝通的姿態，還說：「如果妳對這個團隊的人說話太過委婉，他們一定會把妳踩在腳下。」於是，潔西卡開始修改自己的用詞，使用精準的陳述，譬如「我會盡可能具體」和「以切中要點」等，藉此減少無意義的虛詞。這方法確實起了作用——潔西卡特地調整的溝通方式，最終鞏固了她持續發展的領導地位。

如果你想要從這個故事中學到任何教訓，務必記取這幾點：第一，**有時我們需要調整自己本來的數位肢體語言，以配合工作場所的調性**。第二，**我們有很多原始的數位肢體語**

言，可能源自過去的工作環境，也可能是從先前的人際關係中學來的（這表示潔西卡會將新得到的自信風格，帶到下一份工作）。若某人在電子郵件裡使用無意義的虛詞或是用詞委婉，先別假設此人不成熟或不可靠；相反的，你應該明白當事人的數位肢體語言傾向，可能是其過往經驗所造成的結果，所以**唯有在對方的用語使溝通不夠明確的時候，你才應該鼓勵他改變。**

什麼文字能幫助我展現自信？

- 不要過度抱歉，例如：「這件事我非常抱歉」、「希望我沒有打擾到你；希望你不要介意，不過……」。
- 避免太過委婉的用語，例如：「很可能」、「我認為或許」、「我猜想」、「我不太確定，不過……」。
- 避免過度奉承或謙卑，例如：「我相信你很忙」、「我可以打擾你短短幾分鐘嗎？」、「我知道你有很多事情要忙……」。

如果你是在公司升遷到一半的團隊成員，那麼問問你的同事，聽聽他們覺得你在傳遞什麼訊號，你可能會對他們的答案感到吃驚。

前述例子的潔西卡聽取建議，用語更加強硬，然而職業婦女更常聽到的忠告，是應該軟化用詞。

《哈佛商業評論》（*Harvard Business Review*）指出，為了從自身能力獲益，**女性在被認為有自信、有影響力的同時，也需要讓人感覺性格溫暖。**反觀有能力的男性，被視作有自信、有影響力，至於他們的性格是溫暖、冷淡或是不冷不熱，根本沒有差別。

接下來，我們來想想桑妮雅（Sonya）的例子。桑妮雅是金融服務公司的主管，她花了十年才坐上那個位子。桑妮雅向來以自己的溝通技巧為傲，可是為什麼她的上司卻在績效評估會議上對她說，她的電子郵件風格太過直接、一板一眼，需要更「友善」一些？原來，有些團隊成員把她的書寫風格，理解為專斷獨行。桑妮雅很驚訝，她指出自己每天處理大量電子郵件，通常必須回覆得很迅速、簡短。

同樣的這些指控會出現在男性身上嗎？很難說。不過桑妮雅還是著手調整自己的用詞：「這樣做」改成「我們來試試這個辦法」，「請完成」改成「我想把時間訂在這個時候，你有什麼想法？」她還在電子郵件裡添加驚嘆號和表情符號。這些改變使桑妮雅的訊息更討人喜歡，也有利於合作，不像過去那麼頤指氣使和粗魯；從此之後，桑妮雅再也沒有遇過相同的問題。

這是個悲傷的故事，還是個有啟發性的故事呢？可能都有一點吧。重點是在這個特定的工作環境中，桑妮雅唯有對話時偏向女性化風格和語氣，才能被看作心胸開放、有包容力的員工。

這也難怪**女性領導人對此事抱有各種不同的意見**。有一些人相信，如果一個女人天生就是命令式的風格，那麼她應該表現出真實的自我風格；另一些則指出，若想要成功，就有必要適度調整既有風格，即使因此加強了性別刻板印象也無妨。這一類領導人主張，假如一名女性需要更「友善」，行事比較不直接，人家才會覺得她適任，那麼她就應該這麼做——至少要等到她爬到握有權力的位置，才能夠改變現狀。

以我個人來說，我很讚賞潔西卡和桑妮雅**針對自己的處境和環境做調整**。**男性也應該接受同樣的建議**；如果你是男性，不要遲疑，在工作上大膽使用表情符號或驚嘆號，尤其是當你這麼做能促使團隊投入和信任時。我們都有打破刻板印象的力量，第一步就是從我們每一個人做起。

話又說回來，二〇一七年臉書上出現一串瘋傳的對話，對話內容是一群職業婦女分享自身經驗，當她們故意忽略「女性溫暖」的訊號時，都感受到了解放和純粹的叛逆。

「我不使用驚嘆號時，總是覺得自己正在緩步離開爆炸現場（按：可以想像電影人物轉身離開後背景爆炸的樣子，率性的不予理會）。」

「我的人生！！我在寫電子郵件時，決定怎麼使用標點符號的時間，比真正撰寫、修改該死的郵件更長。」

「哈哈哈，對對對，而且接下來整天都有罪惡感或遭事後批評的感覺。」

總而言之，**領導人應該為團隊每個成員創造空間——不論性別或身分——讓他們在客戶面前表現得體的同時，能夠展現自我。團隊成員也應該找到一個工作環境得以做自己，同時表現突出。**隨著更多工作場所越來越多元、包容，女性也可能不必再為了成功而被迫柔和了。這世界需要更直接的女人和更情緒化的男人！說白一點，我們都不要那麼性別歧視了！

展現本色，做你自己

如果妳是在直接提出要求時，感覺不得不表現親切的女性：

- 同時展現出妳的能力（直接要求對方）和親切（友善的招呼或手勢之類簡單的動

作即可）。

- 表達簡潔，但同時提出明確的陳述，以避免太過果斷可能出現反作用。
- 表達直接，但同時要解釋妳的動機：「如果你肯做這個，我會非常感激你。我們需要在下午五點以前把這個弄出來，因為明天新產品就要上市了。」
- 信件結尾加上「祝順利」、「感謝您」，或乾脆什麼敬語都不必寫。

如果你是訊息總是平淡無趣的男性：

- 大膽在工作上使用表情符號或兩個以上的驚嘆號。
- 訊息結尾使用「謝謝」等敬詞，即使簡訊也不例外。
- 在會議上請女性發言，或是大為讚賞她們寫的數位訊息。

指明人、事、時，解決語氣投射問題

某位領導人帶領的團隊成員大多是千禧世代的女性，她有一次對我說，她禁用了驚嘆號和表情符號，還要求團隊的所有電子郵件上，都必須使用固定格式，指明「人、事、時」。這麼做能消除「對瑣碎細節的需求」，而這種需求，許多職場女性都深有所感，且會減損團隊謹慎溝通的能力。

我共事過的另一位領導人則建立一條規則：所有電子郵件都必須標示WINFY（縮寫自what I need from you），也就是「我需要你做的事」。如此一來就減少了兩性之間的誤會，尤其是有些女員工，不必再有壓力，覺得自己得在請求同事時態度友善、可親，或是用語委婉。

還有個公關公司的高階主管創造一套規範，每一件工作任務都必須在電話溝通之後，寫在電子郵件或是Slack上，這樣就能消除因為男性化、女性化數位肢體語言風格迥異，而引起的任何困惑。

有些男性提倡不管男女，溝通風格都應該更直接。部落客詹姆斯．費爾（James Fell）的書寫風格直率而簡略，他說有些女性原本只認識網路上的他，一旦見到他本人，通常會很驚訝，她們的典型反應是：「原來你不像我以為的那麼渾蛋嘛。」

為什麼費爾的女性讀者對他的印象那麼差？因為他從來不用驚嘆號表達興奮，只有在表達憤怒或緊急，才會使用驚嘆號。他和女性編輯共事時，注意到對方會把他的文字加入許多驚嘆號（費爾總是會再刪掉）；反之，男性編輯幾乎沒這麼做過。費爾於是難過的了解到，女性（甚至某些女性編輯）往往將她們的「性別訓練」投射在自己的工作上。他在一則部落格貼文寫道：「沒人在乎男人直不直率、有沒有在句尾打句點。可女人就一定要用驚嘆號來表達熱忱，以免被別人當作賤人，或是被主管找去討論她的『語氣措辭』。」

「我只是要……」，不必凡事小心翼翼

每一天，要求女性表現溫暖友善的壓力，最後都會化成「婉轉用語」。舉例來說，**很多女性的簡訊和電子郵件都帶有無意義的虛詞，以讓自己看起來沒那麼嚴格或武斷**。最常見的例子是在陳述意見之前，總是加個「我認為」或「我想知道」，或是把「但我不太確定」或「不過你是怎麼想的？」加在句尾，但在現實中，我們很可能百分之百確定，而且事實上根本就覺得自己是對的！

我自己也仍受此影響。有一次，我因為某客戶遲遲不付款而準備聯繫她。我自認寫了一封公事公辦的電子郵件，寫完之後請我丈夫讀一遍（每次寫重要的信件，我都會這麼做）。我丈夫說：「妳不必說『只是要』。」我先說希望她一切順利——還加了驚嘆號——然後告訴她我「只是要」寫信問問逾期未付的帳款，也「只是要」拜託她注意這件事。我丈夫繼續說：「妳要說心裡想的意思，不必小心翼翼，還記得是她欠妳錢吧？」我聽進他的建議，重寫了一封電子郵件傳送出去。到頭來，有沒有那些無意義的虛詞，根本沒有差別！

這些無意義虛詞，不會增加訊息的價值

- 我的感覺是……
- 我覺得也許……
- 我猜想……
- 我不確定自己對這件事的感受有多強烈，不過……
- 我的看法是……
- 我想我的問題是……
- 我只是要……

就在我急切想要更注意自己的婉轉用詞時——希望有一天甚至能完全不用——正好發現一個Gmail的外掛程式，叫做「就是不說對不起」（Just Not Sorry），任何電子郵件裡一旦出現模稜兩可的句子，這個程式就會自動用紅色底線標示出來。「就是不說對不起」程式對文字施行嚴格、實際的現實檢查，讓我們審視某個畫底線的句子，還會解釋其他人可能怎麼看待該句話。被這個程式標上底線的句子，比我原先預料的還多，教會了我多年商務經驗無法學到的東西。如今我根本不必思考，就能寫出（大致）清楚、直接的電子郵件。

找對工具，聽聽常被忽略的意見

為不同性別創造心理安全感的第一步，是由領導人訂下公司的通訊規範，涵蓋範圍從選擇媒介，到會議禮儀。讓你的團隊成員在自己感到最自在的溝通管道上發聲，便是鼓勵團隊間全心全意的信任。

身為主管，你必須了解到，人們往往需要不同的東西，才能感受到清楚可見的重視，也才能夠謹慎小心的溝通。電話？電子郵件？私人或群組訊息？簡訊？個人會議？我們也許不是一直都了解，但人們不只是依據實用度或速度來做選擇，我們的決定也傳達了自己是否有興趣，從團隊聽見不同的聲音。人人都知道，有些團隊成員很熱衷在面對面會議上發言，而另一些成員比較退縮，寧願在虛擬聊天室表達自己，覺得這樣更自在。

仔細研究這些分別，你會發現很多都有性別因素在裡頭。以下有幾種實用方法可以落實相關規範，以突顯不曾聽到的意見。

潛在性別偏見——電話推銷成功數，是面對面的兩倍

線上溝通創造了一些優勢，克服對女性的偏見（包括當事人認定的，以及實際存在的），而這些偏見使很多人感到壓抑，根本不敢說出心聲。卡內基梅隆大學（Carnegie Mellon University）的研究顯示，比起前往教授辦公室面對面提問，女學生更可能在網路上發問。根據我自己的經驗，公司裡階層較低的女性往往偏好用電子郵件表達意見，比較少在面對面的商務會議上發言。

就像語言學者娜奧米．巴倫說的，數位溝通對女性來說具有重要作用。她指出：「利用網路書面通訊，你可以扮演任何人，既得以掩飾性別，也能掩飾腔調或方言。」巴倫還說，數位溝通能讓女性避開令她們不舒服的衝突。為什麼？因為**以文字為基礎的溝通，去除了強調信心和領導力的傳統訊號，比如音色**。在男性主宰的工作場所中，文字溝通**為女性提供一種有效甚至前所未見的方式，讓她們得以分享權力和決策影響力**——這種現象開始促進兩性公平競爭的環境。

話雖如此，年紀輕甚至女性化的問題依然存在。我對這兩者都不陌生。十年前，我的事業剛起步，當時我只有三十歲出頭，而在思維領導力這個領域，絕大多數同行都是年紀較大的白人男性。我開始注意到，當我使用電話或電子郵件推銷自己的服務，成功拿下的案子

量是在面對面會議上銷售的兩倍。

這有違常識嗎？肯定是。難道不是親自建立的信任最牢靠嗎？後來我得出結論，年輕的面孔、加上社交力不見得出眾的肢體語言，會在年紀較長的高階主管心中引起偏見。我曾在面對面會議中多次聽到類似的疑問：「妳做這一行多久了？」或「妳能不能傳更多客戶參考名單給我？」如果是電話溝通，我就比較不常碰到這類質疑。

即使是視訊通話，我在螢幕上的樣子也和年紀較無關係，因為我傳達的想法比視覺線索更重要。我在線上和對方討論我打算交付的內容，以及我所能提供的價值，除此之外，我用這種方式議價，總是能得到更多酬勞。如今，我依然會和別人面對面開會，尤其是以前從沒見過面的人，可是經驗告訴我，**利用電話或電子郵件來跟進消息，能夠消除潛在的性別偏見，甚或不加掩飾的性別歧視，因為潛在客戶就不會被視覺線索給誤導。**

一般而言，就像我先前說的，女性會創造緊密的對話群組，不論是線上或離線都一樣。她們也經常使用私訊發洩負面情緒、利用表情符號翻白眼，或取笑男性的溝通方式。

美國財經新聞網站石英（Quartz）的記者莉亞．費斯勒（Leah Fessler）寫道：「在公共頻道中，具有交代背景或緩和評論與連結的壓力，可是在私訊和私人群組對話時，這樣的壓力就消失了。」她補充：「我自己在使用私訊時，也變得更直接，只做我自己。」雖然很多混合不同性別的團體，確實會促進維持與鼓勵不同性別間交流，可是許多女性依然感覺和同性聊天更輕鬆自在。

費斯勒也注意到，在女性主持編輯討論時，會有正面增強效果：「從來沒有女性成員拒絕過同事提出的想法、將自己的想法強加到團體上、忽視過先前評論的事。我們提出問題（如：有沒有什麼辦法可以表明這種做法不恰當，說完也不會惹禍上身？），並邀請擁有相關知識的同事加入（如：那聽起來像是**@艾咪〔Aimee〕**會想到的事）。」

在選擇溝通的主要模式之前，領導人應該考慮詢問團隊裡的每個人，看他們比較喜歡哪些媒介，不然就提出各種不同的選項。總之，開會前先透過意見調查，蒐集團隊成員的初步想法：「討論這個的最佳平臺是什麼？電話會議、Zoom，還是別的？」如果你還不是團隊領導人，不妨主動詢問主管偏好什麼。某個組織的代理專員曾對我說：「我和新主管第一次見面時，都會問怎樣與他們通訊最好。這就像給我指導手冊，再根據他們的風格來溝通，並且身處創造溝通文化的位置，效果奇佳。」

強化他人聲音，避免某群體「獨大」

我認識的一位高階主管，有一次進行長達一個月的實驗，以追蹤女性在他的會議上說話的頻率，和男性有何不同；結果令他非常震驚，沒想到**男性先開口的總次數，竟然比女性**

多出好幾倍，男性顯然更常先開口說話。從那時候開始，這位主管集結大家的努力，在會議上讓女性多加發言，藉此拓展整個公司視野。

部落客兼創業家阿尼爾．戴許（Anil Dash）則嘗試了別的辦法。他利用推特分析來判斷其跟隨者（超過一百萬人）的性別比率，同時發現自己跟隨的版主當中，男女比率相當，可是他轉推（retweet）男性版主推文的次數，是轉推女性版主推文的三倍。

於是戴許做了一個實驗。他花上整整一年，刻意廣為強化各種不同的聲音，方法是只轉推女性的評論，並建議其他人也嘗試相同的實驗。戴許說：「如果你願意的話，試著注意你所分享、強化、認可、推廣的那些意見……我們花費大量時間在這些社群網路上，對於那些出現在其他媒體上的謬誤，可以透過簡單、微小的動作來導正。」

那麼戴許從中學到了什麼教訓嗎？「說得更廣一點，我發現只有極其由男性主導的對話──比方說關於蘋果某樣裝置的發表活動，自己才需要先想一下再轉推。即使是那種對話，我也總是發現女性在這時的談話，根本和男性沒有差別（甚至更好）！我能推廣這些女性的聲音，而不像平常一樣抱持狐疑態度。」戴許也注意到他的討論，變得更具包容性：「發生了一件事，那就是過去一年我在推特上和女性對話的頻率變高了，尤其是和有色人種女性的對話。」

當我自己重新創建這個實驗時，我明白了我的問題恰好相反──在社群媒體上，我推廣女性的文章多於男性，這證明了我可以更包容一些，如今我比從前更注意平衡性別、世代、文化等各種不同的聲音。想一想你自己的工作實務，不論是撰寫電子郵件訊息，或是準備團隊電話會議，都要**仔細考慮：你是否無意中強化了某些人的聲音？**你可能對自己的受眾有過什麼下意識的假設？記住，我們對這些問題的答案以及實際作為，才是真正提高工作場所中明確度和理解程度的途徑。

更改求才說明，優秀人才應徵率多二五%

具包容性的表達方式，比我們想像中來得更重要——在電話、電子郵件、簡訊、現場會議上，我經常講這句話，甚至不必思考就脫口而出。可能這就是問題所在。在為本書做研究的過程中，我意識到自己無意間排除了團隊裡的女性。我是怎麼搞的？

其實我並非特例，當今許多常用的片語都偏男性化，至少在工作場合是如此。在知名的科技公司Buffer，內部團隊如今比以前更注意自己的用語，並把焦點鎖定在如何更加包容。隨著公司日漸成長，聘僱的人員也越來越多，領導階層觀察到應徵開發工程師職缺的人當中，女性所占比率非常低——占所有應徵人數的二%以下。為了因應這種現象，Buffer公司把「駭客」這類排斥性強的字眼（按：容易讓人聯想到男性），從求才的工作說明中挑出來。技術長蘇尼爾・薩達西文（Sunil Sadasivan）甚至為此和團隊討論，希望找出完全不同的用詞。

結果，他們想出來的解決辦法是一系列用詞，包括創意聯絡人、工程師、開發人員、產品設計師、創客（maker，又譯自造者）、匠人、建築師、編碼實驗員（code experimenter）等。Buffer 公司的結論是——工程師聽起來最自然，而開發人員最友善、明確，也最具包容性。原本標榜「我們是占主導地位的工程公司，擁有許多頂尖客戶」，轉變成「我們是個工程師社群，擁有很多感到滿意的客戶」；對應徵者的資格要求也從「具備在競爭環境中獨自完成任務的能力」，轉變為「在團隊環境中與他人合作良好」。對該公司來說，改變就是那麼簡單。

接下來是文本分析公司 Textio 的例子，這家公司使用顧客的聘僱數據，幫助判斷公司的表達方式是否有性別色彩。例如，Textio 辨識「努力工作、努力玩樂」屬於男性化表達，「我們重視學習」則是女性化表達；至於「推行」、「徹底」這些詞偏男性化，而「顯然」、「引起」較偏女性化。

有公司使用 Textio 用於檢測文字的寫作工具，將表達方式打造得更具包容性，他們發**現更改求才工作說明之後，應徵的女性多了二三%，而應徵者當中，有二五%的資格比過去的求職者更優秀。**

具有包容力也意味著留意刻板印象，並加以抗拒。二〇一九年，歷史悠久的寶維斯律師事務所（Paul, Weiss）在專業人才網站領英上張貼一張照片，並排呈現該事務所新出爐的合夥人大頭照，沒想到引起外界爭論和公開辯論，《紐約時報》甚至為此寫了一篇文章。

為什麼？因為那十二個合夥人的照片中，有十一個是白人男性，唯一的女性被放在右下角。從大眾對此事的反應可知，像這樣的類似情況，到了今日已經無法被接受了。東芝（Toshiba）、恩益禧（NEC，日本電氣）、海尼根（Heineken）等多家大公司，有將近兩百位法律總顧問與法務長，他們在推特的一封公開信上簽署，呼籲寶維斯和其他律師事務所積極克服包容力挑戰，否則將面對失去生意的危險。值得稱許的是，寶維斯律師事務所公開道歉，並且告知他們的下一步行動，將會納入更多多元背景的合夥人。

請記住，簡報投影片上的圖像、公司網站上的領導團隊照片，甚至是為視覺化簡報所選擇的顏色，都可能影響人們對一家企業的印象，判斷其包容力究竟是高還是低。

男性和女性，誰更愛對別人說教？

許多女性從小被教育、制約成凡事皆應建立共識，反觀男性就不是這樣，即使缺乏專門知識，男性也受到鼓勵，要他們說話時表現權威——這種現象也延伸到他們的網路行為。

澳洲女性主義學者兼作家戴爾・史班德（Dale Spender）指出，**男性企圖對女性「解釋」某件事物時，往往會採用高高在上的說教口吻**（那些女性實際上懂的可能比他們還多），史班德稱這種行為是「數位男性說教」（digital mansplaining）。很多男性就是習慣在對話中霸占更多發言時間，如果有女性在場，他們常會打斷或壓過她的話。

在數位工作場所，這種行為只會更嚴重。石英財經網上有一篇費斯勒的文章被人瘋傳，題目是「貴公司的 Slack 很可能有性別歧視」；她指出**男性較可能宣稱自己的意見是事實，同時傳送某篇文章的連結，卻又不加以評論，有時甚至不說明背景脈絡。反之，女性通常會解釋她們傳送連結的原因**，比如「根據我們上次談到關於氣候變遷的事」，或是以其他方式解釋，為何收件者可能對那條連結感興趣。一位 Slack 的女性用戶說起她的男同事這麼評論：「他們只會丟（一條連結）出來，因為他們對那個連結夠有興趣，有興趣到想與他人分享——他們假設妳會有禮貌的收下這個禮物，然後就拍拍屁股走人了。」

我加入的一個臉書群組，由專業演講同儕所組成，其中甚至按照性別劃分成員，偶爾大家才聚在一起分享建議。群組中有個男子名叫丹（Dan），他從來不回應問題，可是經常發表自己的意見。看起來他加入群組的目的不在參與，也不是為了求助，只是想要受到觀眾欣賞。我們都曉得要避開他，忽略他的行為。我從丹和其他人身上觀察到，數位男性說教不只是打斷別人的話而已，也傳遞了不容別人置疑的口吻和風格。

數位情境中的男性說教行為

- 不理會同事寫來的電子郵件，之後當作自己的點子提出來。
- 將團隊工作成果呈交給主管時，沒有傳送副本；總結成果時，使用「我」而非「我們」作為主語，沒有提到團隊的功勞。
- 和同儕寫電子郵件時，用詞假惺惺或居高臨下（比方說「幹得好」或「哇，不錯喔！」），暗示他扮演領導者的角色，但其實他很可能根本不夠格。
- 不了解背景資料就亂入團隊討論，駁回其他同事的想法，並且強行推動自己的點子，忽略先前的評論或提問。
- 參加視訊通話或團隊通訊對話時遲到，然後貿然插嘴，彷彿已經完全掌握資訊。

根據語言學者蘇珊．賀琳的說法，男人傾向說教已經很久了，早在網路時代剛開啟時就有。舉例來說，一九九〇年代初期，賀琳加入一個列表伺服（listserv，按：郵件自動分發系統，會自動將郵件寄給郵件列表的所有成員），列表中有一千多位語言學者。賀琳說：

「很多人宣稱在網路上，性別與其他社會差異將會消失；你既無法知道誰是誰，也不能根據對方的身分判斷這個人。」不過現實並非如此。賀琳所追蹤的線上討論嚴重分歧，其中有一個特別引起她的注意，因為討論的主題廣泛吸引整個語言學社群，並刺激兩性提出無數有確實根據的意見。賀琳回憶道：「然而，態度熱衷的幾乎都是男性。」

由於好奇為什麼群組裡的女性態度保守，不太願意表達意見，賀琳乾脆做了一番調查，結果幾乎所有女性受訪者都表示，不喜歡數位討論的爭論風格和氛圍，而且覺得參加這種論戰很沒意思。此外，賀琳發現維基百科（Wikipedia）的群眾外包（crowdsourcing，按：利用大量網路使用者，來取得需要的服務或想法）文章也有相同情況（按：指群眾外包的「群眾」多為男性），而她的結論已經有很多人知道（尤其是女性），那就是——**某些貢獻意見的人，不論匿名還是署名，語言風格都很粗魯且像在說教。對很多女性來說，那樣的環境一點也不吸引人，甚至還很嚇人。**

話說回來，有沒有「女性說教」（womansplaining）呢？說教是不是男女都有的毛病？至少以我的例子來說，我得承認大概是有的。每年我們家族都會計畫一起度假，不過幾年前的度假，剛好碰到我事業特別忙碌的時候，因此我丈夫自願擔負起我的慣例責任，擔任「度假總監」。我很不情願的同意了，心裡預計他會做得很糟糕。接下來幾週，我除了忙工作，還堅持幫丈夫檢查他碰到的每個度假選項：旅館是否提供免費早餐？他訂的房間有照片可以參考嗎？等一下——我這是在男性說教，不對，是在女性說教嗎？我的確是。

我打斷我丈夫的話，用自己的計畫和想法壓過他，因為我私底下覺得自己的計畫和想法比較棒。即使我們對某件事意見一致，我都要講得更大聲。沒錯，我簡直就是個控制狂，而且自以為無所不知，這不就是男性說教者或女性說教者的次要特質嗎？

有辦法堵住說教者的嘴嗎？有的。**管理者可以堅持指定由誰發言、發言多久，來阻止其他人插話、霸占整個電話會議或視訊會議**。倫敦貝氏商學院（Bayes Business School，按：前稱卡斯商學院〔Cass Business School〕）的組織行為專家安德烈・斯派塞（André Spicer）建議：「遵循良好的主持禮節，在會議開始時交代：『這是本次會議的目的；這次會議要開這麼久；我們要在每一個事項花上這麼多時間；我們希望大家如何分享訊息。』」一光是更加注意訊息中、電話上、會議中，誰是聲音最大的人，就能確保團隊裡每個人都分配到足夠的發言時間，藉此引導你的團隊達到信心十足的合作。

數位工作場所消弭了我們多年來熟知的傳統性別偏見，不僅女性可以更果決，男性也能意識到，自己擁有展現溫暖與情緒的新空間。可在此同時，若干傳統性別規範卻變本加厲，比如女性仍覺得自己需要「被喜歡」，只好用驚嘆號、修飾詞來替數位訊息增添色彩。

數位肢體語言提供精確的視覺鏡像，反映長久以來男女在口語溝通中的狀況，這可能是數位通訊最大的好處。也許我們凝視那面鏡子時，能夠自問：我要怎樣才能做自己？

第 9 章

我習慣打電話，
你卻回簡訊給我——
沒有誰對誰錯的世代差距

一位女客戶（比我年長十歲）有一次寄電子郵件給我：「三十分鐘後談？」

我回覆：「我現在可以談，不然就兩小時後！」

她的回信嚇到我了——那是極為簡短的「兩小時。」（沒錯，有句點。）

我要失去寶貴的生意了嗎？可是我們的對話向來沒有問題，也一直保持生意關係啊。

結果這位客戶只是在表現她的專業精神。但是我為什麼會用不同的方式詮釋呢？答案是因為我的年紀比較輕。

不同世代不僅使用不同的數位肢體語言，他們對於相同的數位肢體語言線索，也會有不同的詮釋。三十歲的女性和六十歲的男性，對於同一則簡訊的認知可能就截然不同。一個世代表達欣喜、體貼的方式，換成另一個世代來表達，可能就顯得不成熟或粗魯。

一般來說，之所以有這些分歧，是因為不熟悉彼此特定的數位肢體語言訊號與線索。

數位原住民從小就學習數位肢體語言的常規，他們往往假設自己周遭的訊號和線索，在別人眼裡很清楚明白。但根本不是這樣！適應數位時代的成年人必須學習數位肢體語言，而對很多人來說，難度和學習第二語言沒有兩樣。

在仍需花時間適應新科技的數位調適者（digital adapter）眼中，數位原住民的形象可能是「精通科技且能同時處理多項任務，貢獻卓越，不過溝通有缺陷」。其中指出的缺陷，源自於**依賴遠距工作，以及仰賴科技的非正式溝通模式，這樣的缺陷往往導致數位原住民無**

法詮釋現實中的肢體語言。然而數位調適者也有自己的溝通缺陷——他們就是搞不定科技！話雖如此，數位調適者和數位原住民之間的區別，並不見得都是建立在年紀之上。我認識一個二十八歲的數位調適者，他堅持一切事情都要面對面討論；我也認識五十歲的數位原住民，會用簡訊回覆電子郵件和語音留言。

我有個客戶向我抱怨她手下的業務員（數位原住民）：開會的時候，這個業務員就是讀不懂客戶的肢體語言線索，好似沒看到客戶的每一個姿勢和手勢，也不懂得適當的眼神接觸。客戶臉上無數的細微表情，這位業務員悉數忽略，而他本來可以靠著這些表情線索，察覺事情是否嚴重偏離軌道，甚至嚴重到恐怕要失去客戶的地步。還有，這個業務員開口表達想法、起始句子之前，習慣講「這樣的話……」（so），簡直就是他數位通訊風格的翻版，反映出沒完沒了的簡訊思維，而不是專業的口語對話。

我也聽過其他故事——在大型金融服務業工作的菜鳥收銀員，必須精通客戶詢問的許多問題，但他們覺得這工作很困難，原因並不是他們懶惰或自以為是，而是不曉得如何使用公司交給他們的「新」科技。這些人絕大多數都只用過手機打電話，座機電話——那是什麼？他們完全不知道如何和陌生人說話……該讓通話中的顧客在線上等候嗎？如果對方生氣怎麼辦？當他們的主管終於發現團隊為什麼看起來一頭霧水，便重新訓練他們熟悉服務顧客的禮節，之後工作就順利多了。

我從小受的教育是接聽電話時要有禮貌，如果對方要找的人不在，就要幫忙留言。我直到僱用了一九九〇年之後出生的員工，才明白自己是最後學習接聽電話技能的世代。舉個例子，我新僱用的員工山姆不知道如何留言：

山姆：有人打電話來。

我：誰？

山姆：鮑勃（Bob）。

我：哪個鮑勃？愛達荷州的，還是明尼蘇達州的？

山姆：不確定是哪一個……。

我：他說了什麼？

山姆：他要妳回電給他。

於是我只好寫電子郵件給兩位鮑勃，確定究竟是誰找我。

熟習各種不同的溝通風格，是當今領導人的一項關鍵技能。某科技公司的一位高階主管本身是數位調適者，他說：「我不是天生就會用即時通訊和簡訊，可是我有很多年輕的同事都是靠這個溝通，這些同事在公司的每個階層都有。當他們說『我們稍後再談』，通常是指『我們稍後用即時通訊談』。他們經常同時進行三個對話，我擔心這會使我們的對話變得更粗淺，但同時我也必須適應，並且跟上他們的腳步。」

數位原住民 vs. 數位調適者

好的領導階層，不只是驅策人員服從你的標準和規範，還要願意運用工作場所中各種不同的數位肢體語言風格。說實話，這和懂三、四種不同語言或地區方言，沒有什麼不同。

布萊德（Brad）是一家大型遊戲公司的資深副總裁，也是數位調適者，他發現手下兩位領導者所管理的 Slack 頻道，風格差異明顯。戴夫（Dave）是數位原住民，他主管的 Slack 頻道充斥表情符號、GIF 動圖和梗圖；反觀艾麗（Allie）是年約四十五歲的數位調適者，她的書寫風格比較正式，會使用項目符號清單。布萊德說：「艾麗的 Slack 頻道讓我感覺賓至如歸。」不過，他很快就改變觀點，「戴夫很忠於自己，如果我強迫他『符合公司調性』，就會減低他團隊原有的興奮感和投入感。」布萊德還說：「我已經了解到，對我而言最好的方式，就是熟悉這種『個人用語特徵』，即使覺得彆扭也認了。」

這個決定很明智。**在你決定調整團隊裡某人的溝通方式之前，先暫停一下，想一想那個人的風格到頭來會不會對你的團隊有益。**

＊＊＊＊＊

加州大學洛杉磯分校（UCLA）的管理傳播學教授鮑伯·麥肯（Bob McCann）指出，**新科技大量激增，已經加快、加深了當今的世代分裂。**「每三個星期，我們就有一個新平臺需要應付、有一個新App要上市，為此，我們必須調整、必須改變。」從實務層面來看，這意味著永遠有新科技即將冒出頭來——包括互相問候的新方法。

就拿電子郵件的問候方式來說，連「嗨」（Hi）、「嘿」（Hey）、「哈囉」（Hello）之間都有微妙的差異。對數位原住民而言，「嗨」和「哈囉」是專業人士的基本問候用語，然而如果同事都是數位原住民時，用「嗨」和「哈囉」就有點太正式了（對方是不是在生我們的氣？）。「嘿」則是比較不正式、受歡迎的用字，給人感覺到友善和友誼，大多數對話就是用這個字起頭。相似的還有「好的」（okay）和「好」（ok），「好的」是普通、友善的用字，但「好」可能是傳達沮喪或氣憤。

縮寫如LMK（let me know，讓我知道）、TL;DR（too long; didn't read，太長了；沒有讀），在數位原住民的通訊中無所不在，但是數位調適者就很可能摸不著頭腦。你的組織大部分成員是數位原住民還是數位調適者？你有標準化的溝通規範嗎？你的溝通方式是哪一種？

以下是數位原住民和數位調適者之間，最常見的數位肢體語言差異：

我是數位原住民還是數位調適者？

如果你偏好以下做法，你很可能是數位原住民：

- 就算打電話或開會比較容易，你還是選擇和對方來回傳簡訊。
- 發簡訊問能不能打電話給對方，而不是乾脆直接打電話過去。還有，寫簡訊告訴某人你已經傳電子郵件給他了，而非單純等候對方回覆或寄副本給你。
- 用簡訊或電子郵件回覆別人打來的電話，而不是回電給對方。
- 不讀不回語音留言。
- 原則上避免開電話會議或面對面會議。
- 比較喜歡回覆社群媒體的貼文，相對的，比較不喜歡回覆電子郵件的直接請求。
- 使用LOL（哈哈大笑）、Thx（謝謝）、TTYL（talk to you later，等等再聊）、kk（ok ok）等縮寫詞。

如果你偏好以下做法，你很可能是數位調適者：

- 堅持打電話或面對面開會，而不是寫簡訊或電子郵件。
- 回簡訊的速度不快（比如超過一個小時）。
- 要求對方將寫來的電子郵件細節，再次做個總結，而且這次要口述。
- 使用正式的語言和標點符號，包括在簡訊結尾附上敬詞，就像寫電子郵件或信件一樣。
- 傳送冗長的電子郵件，且沒有附上超連結或相關資訊。
- 寄送缺乏前因後果的超短簡訊，比如：「我很擔心。打電話給我。」令數位原住民看了心裡警鈴大作。

我習慣打電話，你卻希望收到簡訊

另一項世代挑戰是什麼？是媒介偏好。正如不同性別偏愛不同溝通管道，不同世代也有自己喜愛的管道。當然，有些數位調適者願意在工作上使用新媒介，不過他們往往會再結合舊的溝通方法。

以我爸爸為例，他會傳很長的簡訊給我（簡訊長到頁面必須往下拉才讀得完），開頭寫著「親愛的艾芮卡」，結尾寫著「愛妳的爸爸」。這些簡訊通常在我工作的時候傳來，因為無法好好回信，我學會這樣回覆他：「爸，謝謝你的簡訊，晚一點我會打電話給你。」這聽起來有點傻氣，可是我喜歡用這種方式和他聯繫，我們也因此變得更親密。（我從來沒有坐下來好好向老爸解釋簡訊和寫信不一樣，以後很可能也不會這麼做。）

即使是最基本的電話，也可能造成負擔。舉例來說，**數位調適者很少將電話鈴聲視為打擾，反之數位原住民卻很不欣賞突如其來的電話，他們覺得突然來電是冒昧之舉，而且有可能把事情講得太嚴重了。**數位原住民認為，想要打電話的人應該事先寫簡訊或發電子郵件，徵詢對方的同意，不然就先利用行事曆邀請來提出請求，再安排打電話的時間。當數位原住民把自己的手機號碼給你，是默許你發簡訊給他們；對他們來說，傳簡訊給新認識的對象，比起莫名其妙打電話給對方，更不會有侵略感。至於數位調適者，他們可能認為簡訊是一種侵略——彷彿要跨越「親密度的防火牆」。

《富比士》曾報導過企業培訓師達納．布朗利（Dana Brownlee）的故事。有一次她在主持工作坊的時候，一名五十幾歲、性格直率的女子抱怨自己和團隊的溝通有問題，這支團隊裡什麼年齡層都有，其中年輕的員工從來不接電話，而是用簡訊或電子郵件回覆。《富比士》的報導提到，那名五十幾歲的女子越講越激動，突然脫口而出：「我們需要斷絕電子郵件，把%^$#的電話拿起來！」

如果情況剛好相反呢？年輕世代在面對長輩偏愛的科技時，一樣感到挫折。對他們來說，那些科技不但早就過時，還會妨礙良好的工作關係。布萊恩（Brian）是一名三十幾歲的主管，他就說：「我永遠不會僱用那些至今履歷表上還填 Hotmail 或 EarthLink（按：成立於一九九四年的網際網路服務供應商）電子郵件地址的應徵者，因為那告訴我，他們徹徹底底過時了。」**當年長世代覺得年輕員工的行為自以為是，年輕世代卻也認為他們是「老古董」，生產力趕不上現代。**

不論你是數位調適者抑或數位原住民，了解顧客或客戶群偏愛的溝通管道，都極為重要。某家體驗式設計公司的執行長艾黛特（Adette）有一次僱用一位業務教練，協助公司成長。這位教練快六十歲了，是個數位調適者，他不斷催促艾黛特的團隊「拿起電話，纏著潛在顧客見一面。如果對方不接電話，就留下語音留言」。艾黛特對此一直抱持懷疑，尤其是她曉得公司客戶（絕大多數三十幾歲）主要透過簡訊和她聯繫，絕對不會接電話。

她的直覺是對的：「沒有一個人接電話，也沒有人回電，這一招慘敗。所以我們相信自己原來的直覺，決定先徵詢同意再打電話。我們寫電子郵件給對方：『嘿，我一直試著聯繫您，先前也留過語音留言，可是現在誰還聽語音留言呢，對吧？我很想和您分享我們的新業務。』」接下來，艾黛特沒有枯等對方回覆何時有空，而是利用行事曆軟體Calendly，將所有可以安排通訊或見面的時間標示出來，省去繁瑣的來回確認時間。以預約銷售會議而言，這種牽涉最少人力互動的策略，看來是最成功的一種。

從那時候開始，艾黛特已經為她的多重世代團隊，開發出新的參與規則。她說：「如果你需要我，那就傳簡訊給我，我們可以安排打個電話。如果你用語音留言，我永遠都聽不到。我告訴其他人，我偏好使用電子郵件，因為它比較能夠提醒我回覆信件；如果傳的是簡訊，我又剛好忙著一輪又一輪的會議，很可能就會漏掉、忘記回覆。假如是緊急的事，就用Slack傳訊息給我，說你已經寄電子郵件給我了。萬一是需要好好思考的事情，就需要用電子郵件來談。」

艾黛特也為她的團隊創造了「語碼轉換」（code-switching）的規則，這套規則在溝通場合需要更正式時，就派得上用場了。套句她的話，這相當於數位版的「打扮講究」（overdressing）。（按：語碼轉換原指在對話中交替使用不同語言，此指視情況轉換正式或非正式用語，如同依不同場合選擇服飾，若場合正式，就打扮得講究一些。）

「我們很多客戶的年紀比我們大，他們用簡訊做生意，不過我們痛恨這種做法，因為沒有留下紙本紀錄，而且留存時間短暫。如果對方用簡訊核准我們提的案子，但裡頭預算有筆誤，搞不好就是代價五萬美元的錯誤。所以我們訂了規則，收到客戶簡訊的人必須截圖，然後貼在電子郵件上回傳給對方，並寫明：『嘿，我把剛剛的對話寫進電子郵件，這樣我們都有相同的資訊，以後就以這個為準。』」艾黛特的規則也預期員工傳副本給適當的人員，同時確保有人能代理他們的工作。

此外，如何與組織內部的同儕或上司分享資訊？這個問題也令工作同仁感到挫折。數位調適者西爾薇（Sylvie）如此抱怨她一位三十幾歲的同事：「他在電子郵件裡經常越級上報，傳副本給我們上級，而不走恰當的溝通管道。他會和我約好時間坐下來談事情、拿資料，如果對話途中他接到即時訊息，解決了他想問的問題，他就會直接起身離開。那種感覺像是用完即丟，他既然已經得到需要的東西，就不必再留下來了。他沒注意到我當時有多麼感到被羞辱。」

對於無法面對面開會，有些數位調適者感到很哀痛，因為他們認為真人會議可以建立友誼，創造在職導師傳授心法的機會。我的一位客戶對我說：「以前資淺的員工會來找我談話，而不是傳一則即時訊息給我。我還記得當時，一個人如果開啟一場討論，就會有始有終的結束。」

問題是，很多數位原住民根本沒有參加面對面會議的耐心或注意力，有一個對我說：「每次我問上司具體的問題，只會得到冗長的回答。我不懂，他為什麼不能很快發一則電子郵件更新，這樣我就能趕快回去工作。」

世代之間的數位通訊誤會，偶爾會造成嫌隙，其實影響更為廣泛。壓力、士氣低落、挫折，每每導致員工參與感下降，損失生產力和創新，整個公司的歸屬感也跟著衰弱。

怎麼辦？首先問問你自己：讓數位原住民或數位調適者忠於自己的風格，會構成什麼風險？假如會影響公司盈虧或損及顧客觀感，最好的辦法可能是創造跨世代的明文規範。不過，假如不會造成生意上的損失，反而會讓團隊更加活躍或重新找回活力，那麼何不走出你的舒適圈呢？

有效的數位肢體語言，與量身打造溝通有關──並非將一個世代的自然偏好，強加到另一個世代身上，而是滿足手上任務的需求。

數位原住民和數位調適者的數位肢體語言風格，有一項關鍵差異，圍繞在正式與否。從事數位文法檢查的 Grammarly 軟體公司做過一項研究，發現「**三十五歲以下勞工被挑剔語氣太不正式的可能性，比年紀較長的勞工多了五〇％**，不過有更多年輕勞工說他們花很多時間，為琢磨電子郵件的意義、語氣和文法而苦惱」。

為什麼會這樣？第一，數位世界有一條令人意外的法則，那就是最新、最不正式的溝通管道（比方說簡訊）出現時，前一種管道（比方說電子郵件）一夕之間就過時了──至少在數位原住民心目中是如此；舊管道變得正式、無效率，甚至是潛在的恐懼來源。

現在年輕人多半認為電子郵件是正式的溝通模式，所以他們常會添加一些句子，例如「祝您週末愉快」，也可能把「親愛的某某先生」納入問候，結尾時則添加「敬上」。正因為如此，當他們碰到年長者回信時只寫了短短一句幽默的話，往往會不太高興。有一個X世代（一九六五年至一九八〇年出生的人）女性告訴我，她曾寫一封電子郵件給一位比較年輕的同事，而信裡用上「萌」（adorbs，譯按：可愛之意）這個字眼，沒想到對方居然回覆：「我感覺有點怪怪的……這個字眼超出我的電子郵件舒適圈了。」

對於較年長的領導人來說，電子郵件是非正式的交流方法，尤其是在與年輕同事溝通的時候。花旗集團一位高階主管指出：「我本來寫電子郵件還算簡潔，可是我加入了很多笑臉符號，遠多於我從前認為工作上會用到的數量。我和年輕的團隊溝通時，會刻意使用『嘿，近來好嗎？』之類比較親暱的詞語，不過如果溝通對象的年紀比較大，我就不用煩惱這個問題了。」

一如既往，小心注意、邊做邊學，就能大幅削減數位肢體語言的世代分歧。

某科技公司的人力資源部門主管崔西雅（Tricia）告訴我，溝通的正式與否、組織階級的觀點，以及數位原住民和數位調適者之間的對話自信，都有不同程度的差別。她說：「身為X世代，我從與千禧世代共事中，學習到許多關於我自己的要點，例如階級與關係。對我而言，在我的事業早期，如果公司召開比我高一、兩階層的資深主管會議，我會等人邀請我去參加。反觀過去五年來，當我與上級開會時，Y世代（一九八〇年代和一九九〇年代出生的人）會乾脆開口問我，他們能不能加入，根本不會等待上級允許或邀請。我一開始感到惱怒，後來反而覺得學到了！對年輕人來說，在會議中露臉對他們的工作和事業都彌足珍貴。我必須了解自己歷來是怎麼學習關於階級的事，而現在為了我自己和團隊成員，又應該如何改變以前學的這些事。」

崔西雅也分享了視訊會議文化的各種差異。

二〇二〇年，她的公司有許多員工改為遠距上班，他們在鏡頭前相當隨便，沒有意識到自己身後的背景。崔西雅說：「有一個員工和客戶進行視訊會議時，身後的背景一團糟，我相信那樣很不專業。那一刻我必須了解，是不是我的偏見在作祟。」

當時，崔西雅把想法回饋給了例子中的員工，現在則提醒她的團隊成員，**在對外或與客戶視訊對談時，需要先搞定自己的背景，至於公司內部的視訊電話，則可以輕鬆一些。**她說：「我們得願意去了解新的形態，了解人們如何學習調適。此外，我們也要辨別何時該討論標準，可能我對標準的看法與世代有關，也有可能和人力資源有關。」其實很可能和兩者都有關。

同樣的道理，也延伸到數位調適者在使用較新科技（如Zoom）時，感覺自不自在。崔西雅告訴我，對加入Zoom視訊會議一事，公司有很多員工一開始感到遲疑。「我不確定態度遲疑的人，是不覺得有必要視訊開會的數位原住民，還是相信視訊會議很重要的數位調適者，又或是剛好相反。最後公司大概有半數員工採納了Zoom平臺，一旦達到那個轉捩點，視訊聊天就變得很正常，比較不那麼嚇人了。對於數位原住民和數位調適者來說，那就是達到平衡的時刻。」

崔西雅還記得她開始在電子郵件裡**使用表情符號**的時候，對她而言，那像是改變了自己的溝通風格，與數位原住民拉近關係。後來，使用表情符號反倒變成崔西雅寫電子郵件的常態，她說：「我還記得有一次，我竟然把電子郵件裡本來寫好的驚嘆號刪掉，換成了表情符號。」

前面提到的體驗式設計公司執行長——艾黛特發現，如果團隊成員都是數位原住民，那麼建立親密感就非常管用。不過這並非沒遇到挑戰，尤其是當員工不曉得什麼時候該變得正式一點。

艾黛特說：「這是滑坡效應（按：此指壞情況一旦開始，很可能變得更嚴重），因為我的員工用熟悉的方式和資深合夥人溝通，忘了我們必須遵守規定。舉例來說，你不能用簡訊請假，我們有正式的請假程序。最近，還有個新進員工受到團隊裡較資深成員影響，她寫給我的頭幾封電子郵件裡，有一封叫我『朋朋』（fam，按：即朋友），讓我有點猝不及防，畢竟她才加入團隊幾週而已。以前有個團隊成員對我說過，我在會議上做專題簡報時『真的很正式』，和一對一談話的時候不一樣。」原來艾黛特的團隊以前都不清楚她的界限在哪裡，更別提有沒有越界了。在此之後，艾黛特便將她的期望說得清清楚楚。

擁抱表情符號，看到老媽傳也不驚訝

對數位原住民來說，表情符號不只是額外裝飾，而是自成一種「語言」，傳達真正的人類情緒。對此，我給團隊什麼建議呢？答案是——善用表情符號的力量。它們不但已經擺脫過去的輕佻感，還讓訊息傳遞更有效率，因為表情符號傳遞的意圖和脈絡，很可能是言語無法表達的。

在企業雲端軟體公司CircleCI裡，表情符號事實上已經成為公司政策。首先，Slack貼文就是用表情符號分類的，比如用泰迪熊表情符號🧸表示會議開始；用豎大拇指的表情符號👍標記出績效勝出的團隊。這些明確的視覺指標，使團隊成員更容易找到與自己工作有關的資訊。

今日，年輕的專業人士與同事、直屬主管甚至高階主管溝通時，大約有三分之一的人，對於使用表情符號絲毫不覺得不安。**而三十五歲以上的人當中，有六〇%以上自認經常**

使用表情符號。所以，如果你媽媽甚至祖母在臉書上留言時，加了一個眼睛冒紅心的表情符號😍，也不要感到驚訝。

儘管如此，還是有一些人抵死不從。我有一個嬰兒潮世代（一九四六年至一九六四年間出生）的客戶承認，當他看到年輕員工寄來的電子郵件上有表情符號，第一個念頭是：「你連一個完整的句子也寫不好。你肯定很不注重細節。」我告訴他應該放手，不要固執了，因為在面對客戶的溝通中，表情符號固然不太得體，可是在其他幾乎所有場合中，它們已經被普遍認可了。

事實上，維京酒店（Virgin Hotels）就曾做過研究，想弄清楚他們的新進員工，為什麼不太閱讀公司內部的新聞資料。結果發現，**有些數位原住民喜歡圖示多於文字，而且比起說：「我喜歡這項提案。」更喜歡傳個表情符號比讚**。於是維京酒店學聰明了，不僅在新聞資料中嵌入提示鍵，通知員工即將舉辦的活動，還增進了彩色對比與圖像，以吸引注意力；接下來，新進員工的投入程度很快就大幅提升。

要達到良好的跨世代溝通，關鍵是什麼？關鍵在於了解偏好，知道何時調整以因應他人的需求，以及何時訂定恰當的界限。我保證，光是率直談論不同的溝通風格，就會帶來巨大的改變。

第10章

跨國開會，怎麼溝通最安全？

我永遠忘不了我娘家人和夫家人第一次碰面的情形。當時我和拉赫爾已經交往許久，但還未訂婚。可想而知，見家人這種事讓我有點緊張，以前我只有單獨見過他的幾個家人，但從來沒有全家一起見過。儘管如此，我仍理所當然的假設，大家應該都會相處愉快吧，畢竟兩家人多少有點相像——我老家在印度旁遮普邦（Punjab），拉赫爾他老家在印度北方邦（Uttar Pradesh），大家都是印度人嘛，不是嗎？怎麼可能出問題？

當天晚上，我們選在一家餐廳聚會。大家先介紹彼此，氣氛很愉快、友善、放鬆，菜也很好吃，對話挺熱絡的。即使我確實注意到拉赫爾的父母看起來有點拘謹，不過整體來說，我覺得當晚進行得很順利。

那天稍晚，我趁著和拉赫爾獨處時問他：「所以呢？你覺得怎麼樣？」

他停了一下，反問我：「那妳覺得怎麼樣？」

這話說得很奇怪，我心裡開始有點警覺。我說：「我覺得很好啊。」

他說：「也是啦，因為妳家要求分開結帳……。」

「什麼？」拉赫爾聲音裡的譏諷，讓我有點吃驚。

他說：「我們家從來不會分開結帳。」

「噢，」我突然很彆扭：「我們家和別人家第一次吃飯時，一般都會分開結帳。」

我父親一向很慷慨，不過他第一次和別人碰面，通常會想辦法分開結帳。拉赫爾的家庭較傳統，覺得我們這樣做很不尊重他們。事隔多年，我和丈夫每每想起那個晚上都會發笑，但那時也讓我學到一次教訓——就算文化差異很微小，人們的溝通方式總是不同。

想想下面這些場景：

諾拉（Nora）為了工作，從德國搬到中國居住，她已經有心理準備，每天的人際互動必然會受到文化衝擊。可是她萬萬沒料到這個：新同事沒有向她索取電子郵件地址，反而要求她提供即時通訊帳號資訊。要是諾拉真的收到同事的電子郵件，她會吃驚不已，因為信中充斥閒話家常、笑臉符號、友善問候，和諾拉習慣的德國式切入重點的風格大不相同……。

來自英國的山姆在巴西和一支團隊共事，他用電子郵件發表對工作成果的意見時，認為用「可惜的是……」或「我很遺憾……」之類字眼作開場白，是基本禮貌。然而山姆的巴西同事向來沒那麼正式，反而有些厭惡他的用詞……。

約翰在北加州上班，他寄了一項工作請求給同事艾文德（Arvind），這位同事在印度總部上班。後來，約翰發現艾文德的上司拉吉（Raj）火冒三丈，因為約翰沒有事先知會他。約翰對此很困惑，最後才發現按照印度的習俗，如果他覺得某人可以挪出時間來完成一項工作請求，必須先徵得那個人的上司同意……。

＊　＊　＊　＊　＊

我們甚至不了解，自己置身的文化以及從小聽到大的教育，對我們的溝通風格造成多大影響。在我們成長期間，同住的父母講英文嗎？我們的同學或社區有哪些社交規範或文化規範？我們還會努力適應從周遭文化接收到的訊號。把這些要素統統加在一起，就創造了我們的「自然溝通風格」。當別人的溝通風格落在我們習慣的風格之外——太吵、太安靜、太悶、太荒唐——我們往往會給他們負面評價，有時甚至沒有停下來思考原因。

舉個例子，潘（Phan，按：柬埔寨常見姓氏）從小在柬埔寨長大，十二歲移民到美國。她告訴我：「對我而言，因為我是移民，所以得刻意學習如何像美國人那樣說話。」她所面對的英文說寫挑戰，在數位溝通時變得更加困難。潘說：「如果你不在腦子裡立刻把一個想法翻譯過來，並且很快的說出來，你就會失去電話上或視訊上的聽眾。再加上棘手的科技難題、傳輸時間的些許延遲，情況更為糟糕。」

我在第3章提過，茄子在兩個不同文化裡的意涵完全不同，就連表情符號的含意，也會因文化而有差異。舉例來說，在美國象徵歡樂的笑臉表情符號😊，讓很多日本人一頭霧水，因為對日本人來說，經常把微笑掛在臉上給人感覺不太聰明。在中國，揮手的表情符號👋跟打招呼沒有關係，而是代表「揮手告別」一段關係。兩隻手掌碰在一起的表情符號🙏，在某些國家是宗教象徵（按：不過若是信奉伊斯蘭教，祈禱姿勢較接近🤲），可是換到日本，只單純代表「謝謝你」，在美國則通常用來象徵擊掌的動作。

高情境文化語焉不詳，低情境文化直截了當

研究跨文化溝通的專家，通常把世界劃分成「高情境」（high-context）和「低情境」（low-context）兩種文化。**高情境文化用含蓄、不說清楚的方式溝通，大量依賴非言語線索**（地中海、中歐、拉丁美洲、非洲、中東、亞洲等地的國家多屬於此類）；反之，**直截了當的言語溝通是低情境文化的特徵**，大多數英語系西方國家，包括美國、英國在內，都屬於這種。

為了在高情境文化中達成目的，你的溝通不能逾越傳統的社會與階級界限。工作同仁被期待讀懂言外之意、建立與支持長期關係，並且較少倚賴數位溝通。

如果你是在高情境文化中成長，就會發現面對面互動和電話互動，比較容易促進信任，這些是普通且自然的溝通方式。但你如果像我和其他美國人一樣，在低情境文化的環境中成長，就會直接切入重點，寫電子郵件和簡訊沒有廢話，這樣就足以建立關係！我的義大利朋友奧莉維亞（Olivia）總是開玩笑，說我懶到寫訊息時只稱呼她為O，不肯好好的寫Olivia。

莉亞・詹森（Leah Johnson）是溝通策略專家，曾在花旗集團以及標準普爾公司（Standard & Poor's，按：是S&P Global Ratings的前身）高層任職多年。詹森敘述在日本那

樣的高情境文化裡做生意，會碰到一項常見的挑戰：「如果我要求日本同事做某件事，他們可能一開始都不願意拒絕我。」詹森指出，即使對方根本不打算聽從指示，可能也不會說不。在日本文化裡，當有人請你接一項任務，你也給予肯定的回應時，這並不一定代表你已經「接下」這項任務了，只表示你明瞭任務是什麼，或是知道當事人需要什麼。（對習慣低情境文化的美國同事來說，這一定會嚴重阻礙到合作信心！）

為了確定對方是不是真的打算做自己交辦的事，詹森睜大眼睛觀察著含蓄的訊號——沉默、改變話題，甚至有人提議用毫不相干的辦法來解決問題。最後詹森終於明白這一切，也開始養成習慣：每次用電話提出要求後，她會跟進決策負責人的工作進度（尤其如果是她自己在團隊面前提出那項要求，更是不能鬆懈）。她絕不會單單依賴電子郵件。

可是在大多數英語系國家，也就是低情境文化中，少了很多溝通內容模稜兩可的狀況。舉例來說，我們都收過夾帶附件的電子郵件，內文只寫著：「請見附件。」這樣不但簡單無誤，而且很有效率，對吧？可是在高情境文化中，譬如日本和中國，沒頭沒腦傳送簡短的電子郵件給別人，不交代來龍去脈，或者沒有彰顯寄件者和收件者之間的階級差異，是很失禮的事。

事實上，在低情境的西方文化裡，人們使用電子郵件溝通的對象遍及所有層級，從新進員工到執行長都有。**在低情境文化裡，不論使用簡訊或是電子郵件，甚至在電話或現場會**

議中，提出異議挑戰上級的狀況比較常見（也比較被允許）。

凱蒂是某會計師事務所的執行長，和許多中國客戶做生意，有一次她告訴我，應付眾多亞洲組織的階級制度實在太困難了。舉個例子，對方希望她每次通訊，都傳送副本給收件人的主管，表示她尊重這些主管。凱蒂說：「如果你跳過直屬主管，直接和高出一、兩級的上司溝通，你就會被斥責。還有，每次在電子郵件上署名時，你都應該把自己完整的職銜寫出來。副本收件人那一欄不只提供參考，它還帶有尊重權威之意。如果你沒有得到許可或不傳送副本給你的主管，那麼這封信通常會被忽視。」

在高情境文化中，關鍵在於清楚可見的重視，即使討論主題沒那麼複雜，也寧願拿起電話而不是傳送簡訊。一般來說，數位溝通在這些高情境文化中用得比較少，尤其是在調停衝突、構思創意、建立共識的期間。

研究顯示，**不論是哪一種文化，最有效的溝通講求直接、扼要**，否則收件人匆匆瀏覽訊息、尋找行動要點與請求時，恐怕會漏掉重要的細節。不管你是處於高情境或低情境文化，都有修改電子郵件以提升明確度的方法。

如果你處在高情境文化，電子郵件一開頭就應該提出你想要得到答案的問題，然後再加一段與收件人的私人交流（比方說：你休假過得怎麼樣？）。若英文並非收件人的母語，應盡量避免使用術語、運動比喻，也不要使用容易讓人誤解的口語。

如何在低情境文化中溝通？

- 直接切入重點，並使用項目符號清單和黑體字，強調重要的細節。
- 如果你打算完成某項任務，只要說「好」來接下這項任務就可以了。
- 不要把和工作無關的私人內容和工作請求混在一起。
- 確保可以在智慧型手機上讀取訊息。

如何在高情境文化中溝通？

- 在討論公事的通訊中，納入所有細節。
- 要求對方回覆訊息，以確認工作任務。
- 務必寄送副本給收件人的主管，或是在傳送工作要求給某人之前，先徵求其主管的同意。

● 添加跟工作無關的私人內容。
● 開口要求些什麼之前，務必先問候對方。

假如你的團隊就在美國本地，也不要急著跳過這一章！

在美國境內，數位肢體語言不僅存在差異，還有各種方言與強調重點。以東岸人為例，他們是出了名的直來直往，寫的電子郵件之簡短，看在非東岸人眼裡，已經接近不友善的地步了。一般來說，紐約人說「對」（按：紐約位於美國東岸），表示他們贊成你的說法，如果他們說「不」，那你大可和他們再多爭論一下！反觀西岸人，幾乎從來不直截了當的說不，你比較可能聽到他們說「我懂你的意思」或「我們也來考慮一些其他選項」。

再說到美國南部，我認識一個在北卡羅萊納州（按：位於美國南部）生活和工作的男子，他告訴我，如果收到的電子郵件和電話沒有用一些吸引人的話作開場，他就覺得自己被欺負了，哪怕只是簡單的「你好嗎？」也無妨；相較之下，如果波士頓人（按：波士頓位於美國東北部）收到那種信，可能會覺得奇怪，寄件人幹麼不說重點，反而一直扯東扯西？

對話中，你能忍受多久的沉默？

「槍打出頭鳥」是很多中國小孩很早就學會的諺語，可是如果這些孩子在西方國家長大，他們學的很可能是「有異議的請現在提出，否則請永遠保持緘默」。

想像二十年後的場景，在中國長大的孩子和在西方長大的孩子共事於同一支團隊，他們當中誰比較可能表達意見？誰比較可能沉默不語？

不論是在網路世界抑或真實世界，沉默往往是跨文化溝通的巨大絆腳石。美國理海大學（Lehigh University）的管理學院副教授柳芭．貝爾金（Liuba Belkin）指出：「在美國，我們面對沉默時不太自在，會用非常負面的方式詮釋沉默……我們浪費很多精力去搜索記憶，設法回想自己是不是在無意間冷落朋友，才導致對方對我們不理不睬。同理，我們也懷疑最新寄給客戶的正式聲明是不是太積極了——還是不夠積極？」

如前文所述，在美國這個低情境文化中，不回覆簡訊或電子郵件，甚至任由視訊會議加入期限過期也不連線加入，都是沉默的行為，**很像告知或收到壞消息之後的沉默，讓人感到沉重和不祥。**

反觀高情境文化卻截然不同，**這段沉默被視為表達敬意，顯示你正在花時間思考剛剛說的話，並醞釀最得體的回覆**（沉默甚至可以是禮貌拒絕的方式）。

學術界竟然還研究了不同文化如何利用沉默——二〇一一年時，荷蘭格羅寧根大學（University of Groningen）做過一項雙語分析，目的是測量**不同文化背景的人在對話中碰到沉默時，要過多久才會覺得不自在**。英語系國家的參加者，大約能忍受沉默四秒鐘，他們承認超過那個時間就開始覺得不自在；反觀日本參加者，能忍受的沉默時間達兩倍以上，也就是超過八秒！

我曾與山姆對話，他身為公司領導人，負責遠距管理一支全球團隊，團隊成員散居印度、菲律賓和柬埔寨。但他碰到一個問題：團隊中許多母語非英語的成員，會在視訊會議中沉默不語，山姆搞不懂他們在想什麼。他習慣了美國員工的做法——在團體對話中隨興分享個人想法，後來他才發現，東南亞籍的團隊成員只是不習慣在會議中開口表達意見，特別是如果這麼做，意味著打斷上司或是和上司意見分歧，就更不敢開口了。

山姆的因應之道，是向成員解釋，他想要他們在電話上的討論富有成果，而這個成果包括與他意見相左。於是山姆重新安排視訊議程，挪出時間給每一個國家裡規模較小的團隊，讓他們在會議中發言，不必覺得插嘴是在不尊重他。接下來，山姆更進一步要求遠距團隊成員，為每一次視訊通話中需要發表多少評語和提問訂下目標。久而久之，山姆和他的全球團隊找到了可以達到的平衡——這可真是不容易。

對於名字，我們腦中已有一套既定印象

當你看到我的名字「艾芮卡」，腦中伴隨著浮出什麼形象呢？大部分在虛擬空間認識我的人，後來在面對面會議見到我本人時都很驚訝——沒想到我是名印度裔女性。（事實上，大部分第一次在網路上認識我的人，都假設我是白人或黑人，不然就是黑白混血。我母親之所以給我取艾芮卡這個名字，目的是避免我和姐姐達潘〔Darpun〕有一樣的困擾……她那印度風格的名字經常被誤解和拼錯。）

就是因為這種先入為主的偏見，一度使我的朋友拉杰殊（Rajesh）向我承認，他有一種「名字羨慕心理」，因為別人常常拼錯或念錯他的名字，假如他不叫這個名字，人生會不會順心一點？然而當人們終於聽見他說話時，往往會有點錯愕：那一口愛爾蘭腔真的是從他嘴裡吐出來的嗎？

如果你讀到「拉杰殊」這個名字，就自動假設是個印度人，那麼你大概就能想像得到，**我們所有人對於從未謀面的對象，多少會有某方面的知覺或偏見**。以拉杰殊來說，他生於印度（至少那部分是對的），卻是在愛爾蘭都柏林（Dublin）市郊長大的。

假設有一天，你收到兩封電子郵件，第一封署名「維諾德・蘇布拉馬尼安」（Vinod Subramanian），第二封署名「伊恩・理查茲」（Ian Richards）。在你心裡，可能對這兩個

人的角色、職銜甚至溝通風格，有著截然不同的印象，沒錯吧？你要是否認，我可不相信，因為這個結論有研究證實。假如你自己是印度人，可能會和維諾德發展比較深的情誼；如果你是美國人或英國人，大概會覺得和伊恩更親近一些。

事實上，在我們面對面之前，全都在不知不覺間製造對彼此的偏見和期待。（搞不好大家一輩子也見不到面！）

相同組織的成員之間，面對面開會的次數越來越少、地點越來越遠。在這樣的時代，意識到自己的偏見和傾向，就是工作場所中的一大進步。

面對不同語言文化，好奇、改正、學習

擔任高階主管的琳恩（Leanne）告訴我，她每週都要召開團隊視訊會議，討論新提案。其團隊有四個成員，其中三位是以英文為母語的女性（分別是英國人、美國人、澳洲人），第四個成員是來自阿根廷的男性哈維爾（Javier），他的母語是西班牙文。琳恩注意到哈維爾較少發言，便發了即時訊息給他，想知道他在視訊會議上為什麼那麼安靜，哈維爾回覆：「要了解三種不同的英文腔調，真是太痛苦了。」在此之前，琳恩根本不明白這對哈

維爾來說有多困難，於是她訂了一項新規矩：從此以後，小組在視訊會議上必須放慢速度，事後還要用電子郵件總結主要行動和下一步驟。如果會議中任何人需要額外說明，琳恩會請他們私下寄電子郵件給她。

誤解他人的腔調或語調是一回事，那文法和標點符號又怎麼說呢？

好幾年前我在印度工作的時候，有一天同事寄來一封電子郵件，請求內容很簡單：「請做該做的事。」那究竟是什麼意思？可在印度式英語中，那個句子完全正確，意思是：「請協助我完成這項任務。」我還在電子郵件中一而再、再而三看到另一個句子：「我們延前（pre-pone）吧。」我第一次看到時，寫電子郵件回覆對方：「你的意思是我們需要延後（postpone，按：pre-pone 即為此單字的再造字，pre 是在前面的意思）嗎？」（我得承認，我心裡有點生氣。）後來我才曉得，「延前」這個詞在印度很常見，意思是：「我們需要把預先安排的時程往前挪。」一如往常，我又錯了。

根據我的經驗，**由於語言和文法差異可能產生誤會，最好的防範方法是創造心理安全空間，使你身邊的人敢放心的讓你知道你犯了錯。**

跨文化的斑馬策略公司（Zebra Strategies）總裁狄妮尼·羅德尼（Denene Rodney）告訴我：「我在會議上一定會說：『我也有可能弄錯了，如果我說的不正確，請告訴我。由於我不是所有文化都懂，所以請務必立刻糾正我。我期盼學習你們的文化。』當我做的事情涉及不同文化，每件事都有很深的用意——我的責任，就是讓其他人在會議桌上感到自在。」

還有，用教練的心態（幫助他人達到目標）提出問題，遠比直接給建議要好。誠如羅德尼對我說的：「與其說：『不要這麼晚才開會！』不如問：『我們為什麼在這個時間開會？』也不要說：『我需要你做這個！』而要說：『你能幫我嗎？』」若想成功與其他文化溝通，往往涉及了順應所謂的柔性語言。

如果你犯了錯——人人都會犯錯——不要只是替自己辯解，然後繼續過日子。你要道歉：「我為自己犯的錯感到抱歉，還有更好的方法嗎？」如此承認錯誤，要求說明與改正，然後利用這個機會學習新事物。

工作環境中有其他文化時，你應該懷抱好奇，而不是指責。打一個問號，好過於打一個驚嘆號。

電子郵件招呼語，用「嗨」最安全

問候語、署名，甚至電子郵件主旨，都相當於線上第一印象和最後印象。根據你出生和成長的地方，你的電子郵件問候語與署名可能和訊息內容同等重要。

首先來談談真實生活裡的問候。我們應該握對方的手嗎？應該用脣輕觸對方的臉頰嗎？應該兩邊臉頰都親吻嗎？應該鞠躬還是點頭？來自不同文化的人對問候會有不同期待，對電子郵件也是一樣，重點是與你不熟悉的人互寄電子郵件，初期寧可正式一點。

跨文化電子郵件最常犯的禮節失誤，就是弄錯對方的性別（這也可能顯示無意識的偏見）。我自己就常常在電子郵件中被人稱作「達旺先生」（Mr. Dhawan），而我只在必要的時候才予以糾正。**避免弄錯性別的最佳方式，是在問候語後面直接加上對方的名，不必連名帶姓。**

在高情境文化（如中國、印度、土耳其），用語較正式。假設你和一位名叫瓊（Joan）的人共事，那麼用「親愛的瓊」問候對方一定安全。如果只寫「瓊」，前面不加「親愛的」或「哈囉」，後面也沒有標點符號，就會看起來很失禮，甚至很粗魯。請避免使用譏笑甚至幽默的語句。

低情境文化（如德國、美國、加拿大）的人寫電子郵件時，開頭用「嗨，瓊」十分恰當。據編輯兼作家威爾．史沃比的說法，「嗨」字「完美表達友善與無害」。無論你認不認識對方，用「嗨」來打招呼是安全又常見的方式。

不過，如果和你對話的人來自較少招呼語的文化，也不要感到驚訝。某公關公司的總裁瑞秋（Rachel）曾描述她和幾個德國客戶共事的經驗給我聽。瑞秋有很多較年輕的員工相信，在和德國人通訊時對方回覆相當簡潔，這意味著德國人討厭他們。瑞秋說：「我必須向他們解釋，德國人問候的時候不說『嗨』或『嘿』，並不是因為他們無禮，而是德國人的習慣就是這樣！」瑞秋自己是X世代，特別喜愛和德國人共事：「他們非常直接，而我樂於知道自己處在什麼狀況。」

那麼數位結語呢？英文電子郵件的結尾對說阿拉伯語的人而言，聽起來可能稍嫌冷淡，他們有時寫電子郵件，結語會表現得更有禮貌，包括「請接受我深深的敬意與感激」。奈及利亞人的電子郵件，通常會用「祝好運」之類的話作結語。最近韓國和澳洲學者的一項比較研究表明，**電子郵件的結束方式，明顯影響收件者覺得自己是否受到尊重**。在這項研究中，受訪的韓國人有四〇％覺得澳洲人寫的電子郵件不禮貌；另一方面，受訪的澳洲人則有二八％覺得韓國人寫的電子郵件不禮貌。

澳洲昆士蘭大學（University of Queensland）的傳播管理學講師肯．譚恩（Ken Tann）解釋：「我們根據熟悉度和相對地位，決定使用什麼結語。**電子郵件的結語可能影響組織的士氣與和諧，也會影響我們收到回信的可能性高低**。因為結語提供了一種建立凝聚力的方法，也提供線索，讓我們知道該對雙方關係抱持什麼期望。」

另外值得注意的是，有些歐洲國家本來就比較少使用正式問候語和結語，例如西班牙、法國、義大利、葡萄牙；反觀美國人、德國人、英國人，往往會用「親愛的」作為電子郵件的開場白（也有可能只寫收信人的名字），最後用「謹啟」（Sincerely）或「祝福您」（Best）這類聽起來很正式的結語。雖然美國人在工作電子郵件中常用「向您問候」（Regards）作為結語，在英國卻可能被認為太冷淡；反之，英國人覺得「親切的問候」（Kind Regards）或「最誠摯的問候」（Best Regards）聽起來很溫暖，絕對可以接受。

利安妮．斯托達特（Leeanne Stoddart）是詩人，同時在挪威好幾個組織擔任志工，她說：「我住在英國的時候，認為『親切的問候』是相當標準的問候，如果收到的郵件上只寫『向您問候』，我就會開始擔心自己是不是冒犯了寄件人。」斯托達特雖生在英國，但兒童時期就搬走了，她卻仍表示：「『向您問候』之類的字眼，可能會讓我陷入恐慌！」

在英國，訊息的結語用xoxo（按：親親抱抱之意）往往被視為不得體（可是在巴西和其他拉丁語系國家都能接受）。此外，「再見／謝謝」（Cheers）在英國很常用，其他國家就很少見，如果出現在美國人寫的電子郵件上，就可能讓人感到困惑。最後，中國人寫電子郵件大多不用任何結語。

再說到頭銜，究竟該不該用？在階級意識較強的文化裡，人們重視在署名中附帶正式頭銜。**和德國或日本同事通訊時，務必將你的職銜寫在姓名正下方，因為你的地位決定對方回覆這則訊息的速度與仔細程度。**換到較主張平等的文化，就沒有必要大肆宣傳自己是某某機構的重要人物。

成員國籍、年紀、語言差很多，要怎麼管理？

了解自己文化的溝通風格，能夠幫助你在全球團隊之間建造關鍵的連結。以下這個例子，說明公司可以怎樣把這件事「做對」。

泰穆爾（Taimur）是一家全球企業的領導人，四十三歲的他最近升遷，負責管理公司的一個部門。這個部門有兩百三十個成員，來自十四個國家，他們說的語言有十一、二種，年紀從二十二歲到六十一歲都有。泰穆爾很快就觀察到，團隊成員的文化背景有明顯差異，影響他們了解每一件事情，從寄發電子郵件的適當時間，到與上級對話的最佳方式，全都受到自身文化影響。泰穆爾決定優先處理其中一項差異，那就是對尊重與平等的認知。

公司的紐約辦公室為總部所在地，在那裡上班的團隊成員相信，紐約辦公室的員工做了「所有重要的工作」，至於其他在遙遠地方——例如肯亞首都奈洛比（Nairobi）——上班的團隊，就覺得自己被冷落了。荷蘭阿姆斯特丹的團隊一致同意，紐約辦公室根本不在乎歐洲客戶想要和需要什麼。另外，舊金山只有孤零零一個團隊成員，從沒被大家注意到。

泰穆爾顯然天生就適合做這份工作，他進一步著手處理。首先，他在所有溝通中納入包容性語言，譬如「擁抱差異」和「我們共同的目標」。另外，也開始用「我們」這單一個詞，來指他手下所有團隊，創造專案計畫的成功標準，這需要團隊擱置差異，共同合作。每個月舉辦視訊會議時，泰穆爾會強調團隊合作如何融入每個國家的部門策略，同時給每個辦公室相等的發言時間。

為了確保功勞歸於應得的人，他每個月會製作一張簡報，突顯每一個辦公室的貢獻，以及他們和整個部門的關係。除此之外，他還開始每週打電話或寄電子郵件給所有的全球部門，感謝個別員工辛勤工作。

表達跨文化同理心

- 混用私人（如果恰當的話）和工作上的進度彙報，作為熟識對方的工具，藉此讓螢幕另一端的人形象更加鮮明。
- 即使是傳簡訊或電子郵件給老同事或忠實客戶，也要小心使用非正式語氣，除非對方先採取比較隨興的溝通方式。
- 避免使用可能難以在對方語言或文化中傳達原意的縮寫和表情符號。

最後，泰穆爾實施一套規範，目的是協助創造虛擬空間的非正式連結。他要求團隊成員，如果自己的職務和職銜有變動，就要隨時更新電子郵件的簽名檔，修改電子郵件和視訊會議的大頭照，而且要他們在公司網頁下的個人簡介與趣欄裡，至少增加一樣嗜好。

如果有好幾個團隊一起參加會議，**會議一開始，先由每個人公布自己所在的地點、特定角色、在公司的焦點領域——甚至要指出此刻在當地是幾點鐘**。這些小步驟開始在團隊之間建立更深的信任、熟悉度和同理心，進而提高員工的投入感，得到更好的工作成果，同時創造出前所未見、跨越本位主義的創新。

四種方法，不同性別、世代、文化背景下都適用

第三部探索了性別、世代、文化背景，看它們如何在許多方面影響我們對數位肢體語言線索的認知。以下是適用於所有這些人口特徵的最佳實務。

◎越忽視差異，差異只會更顯著。

如果你忽視性別、世代或文化的差異，這些差異只會越來越顯著，還不如光明正大拿出來討論，而不是假裝它們不存在。

網路設備大廠思科（Cisco）的資深董事——科恩．巴斯提安斯（Koen Bastiaens）說：「當人人都是新人，彼此互不認識時，**我會在會議一開始，要求團隊成員介紹自己的背景，讓每個人曉得他們的同事來自哪裡，包括有形和無形的區域。**然後我會注意團隊成員想要和我說話時，會採取什麼不同的方式，之後再選擇他們感到自在的地方接觸。或許是趁會議結束後一對一打電話，或是用即時訊息聊天，在這個時候，我問問題會比較不那麼直接（按：以免氣氛不太自在），如此更準確掌握他們的工作進度。」

開啟這類討論，可以減少聲音被團隊裡的大嗓門壓過的風險，幫助領導人明顯重視團隊的多元背景。

◎ 創造次級團隊，在正式會議前先討論。

在我的經驗裡，想要快速推進會議、確保成果、謹慎溝通，最好的辦法就是事前分發議程，不論是親自到場開會、電話會議或視訊會議都一樣。如果共事團隊裡的成員對你所講的語言，有著不同熟悉與流暢程度，這一點尤其重要。記住，**你的同事很可能來自不同文化、性別與年齡層，對某些人來說，在電話中請對方說明清楚不但很尷尬，在當地文化中也可能是很失禮的做法。**

有時候，領導人需要從很多利害關係人那裡取得回饋，這要怎麼做？有個辦法很有用，就是創造次級團隊（按：大團體中較小、人數較少的小組），要求他們在開會前一、兩週先行聚會，蒐集大家的想法，準備好在大團體會議中提出更好的構想，這個方法讓每一個人都能表現出清楚可見的重視。此外，運用這種團隊配置，使成員之間不論存在什麼樣的差異，都能夠信心十足的合作。

◎由不同人推進會議，提高會議參與感。

每次開會，可以交由不同時區、年齡層、所在位置的團隊成員，輪流負責推進會議。比如有一位在阿姆斯特丹的領導人，兩年來努力想要吸引他的團隊更熱衷於參與會議，卻一直徒勞無功。後來他要求另一支團隊的成員草擬議程，規定小組交換意見，且每週都指派不同人這麼做，此舉給了他機會，讓他聽到更多人的聲音，反觀舊的辦法就行不通。

第一次會議由亞洲的一位團隊成員帶領，強調當地同事在幕後完成的工作；第二位引導會議的團隊成員，要求非總部的同事率先分享最新進度；第三位則要求參加會議的每一個人都要發聲，即使沒有跟工作有關的事想表達或補充，也必須講幾句話。

藉由輪流掌握權力、促進參與，你的團隊更有可能滿懷合作信心。為了確保大家達成共識，並在會議之後獲得清楚可見的重視，有個好方法是透過線上聊天甚至電話發送訊息，請大家提供回饋。

◎利用視訊和互動式討論，促進公平競賽。

你可以利用視訊和互動式討論，鼓勵團隊成員盡可能出席會議並參與其中（這樣也能防止他們分心做別的事）。雖然不是所有人的發言時間都相等，或者同樣有機會分享與捍衛個人的想法，不過你還是可以**堅決要求每個人從自己的辦公室連線，藉此消弭不公平的情況**。這樣不僅可以防止團隊共用身分來連線，還能讓遠距工作的成員覺得較不疏遠，改善團隊的整體效能。若是從一開始就建立起符合大家期望的平等，那你就很有機會發展出全然信任的文化。

附錄
數位肢體語言讀心術行動指南

為了幫助讀者邁出第一步，我彙整了一本資料豐富的實用指南，你可以下載並與他人分享，下載網址是https://ericadhawan.com/digitalbodylanguage/（按：本書官網，拉到頁面最底填寫電子郵件，即可收到指南檔案）。

你也可以利用#digitalbodylanguage這個主題標籤，在社群媒體上追蹤每週更新的行動祕訣。

本書官網

- **數位肢體語言該注意什麼**——這是數位版「書寫指南」，你可以自己使用，也可以和團隊一起學習。這份指南包含數位肢體語言的專家祕訣，以及哪些事應該做、又有哪些事不能做。
- **團隊練習：了解數位風格**——這是一組你可以用來和團隊討論的問題，以解開數位肢體語言風格差異的謎團，幫助你們建立更深厚的了解與信任。

- **著手打造全心全意的信任**——這是提供了一套基本原則的團隊協調人（team facilitator）指南，有助於建立良好的數位肢體語言文化。如果透過範例和反省，你最能有效學習，那麼這部分正適合你。
- **「全然信任」測驗**——這個簡短的團隊練習，會幫助你判斷團隊的信任強度和落差，促進全然信任的工作場所。
- **四種數位肢體語言，你屬於哪一種**——這個短短的測驗會揭露你自己的數位肢體語言風格，以及你可能傳播出去的訊號（即使你沒打算傳播這些訊號）。

【指南一】數位肢體語言該注意什麼？

你想更快、更有效的把數位肢體語言做到清楚明確嗎？以下是對任何團隊都有用的數位書寫指南，溝通管道包括：電子郵件、簡訊和即時通訊，以及電話或視訊會議。

◎電子郵件。

一、在溝通對象上應注意：

● **階級可能很重要：**在某些公司的文化裡，電子郵件收件者的排序很重要。將「收件者」、「副本收件人」、「密件副本收件人」欄位想像成舊式的餐桌席次，老闆坐首席，其他人按照年資排在後面。

● **反映文化：**假如你上班場所的文化固定而保守，記住要在電子郵件裡納入得體的正式問候語、結語和署名。以下是範例。

（○）羅賓森先生（Mr. Robinson）／親愛的山姆，……執行長艾芮卡・達旺謹啟

（╳）嘿山姆，……艾芮卡

假如你的工作文化比較沒那麼正式，請善加判斷，不過務必恰當反映其他人的習慣。

常見電子郵件署名有哪些？通常會被怎麼詮釋？

- **不署名**——這相當於莫名其妙走出房間，讓別人都懷疑你是不是手肘不小心壓到傳送鍵，或者你這個人只是單純無禮。
- **只留名字而不致意**——只有當你和收件者非常熟悉，或是你們電子郵件往返已經達到三、四次以上，才應該這麼做。
- **祝福您（Best）**——半正式、輕鬆的結語。寫信的人希望你認為他為人和氣且專業。如果是關係比較新的對象，則應該選擇較正式的用詞，如：最誠心的祝福（Best wishes）、最誠摯的問候（Best regards）。
- **向您問候（Regards）**——這結語有些過時了，聽起來多少偏中性，可是也有人覺得太疏離。
- **愛你的（Love）**——在工作場所不宜使用此結語，就算是寫信給你在辦公室最好的朋友，也不要這麼做。
- **謹啟（Sincerely）**——這是公司階級較低的員工與上司的上司通信時，經常使用的正式結語。如果不是前述狀況，那就有可能是公關人員處理危機時的用語。

萬一這兩種情況都不是，那麼使用「謹啟」就太過正式了；事實上，它可能會讓你感覺不太誠懇。

- **再聊（Talk soon）**——我喜歡在行動導向的電子郵件裡用這個結語，有時候電子郵件裡提到要為即將召開的會議或電話預做一些準備，這也很適用。「再聊」聽起來不過時、隨興、務實、友善，又不至於友善過頭。
- **先謝過（Thanks in advance）**——經過證實，這事實上是效果最好的電子郵件結語！

二、在時間上應注意：

- **電子郵件越來越快：**南加州維特比工程學院（USC Viterbi School of Engineering）在二〇一五年做的研究發現，五〇%的電子郵件收件人會在收信後一小時內回覆，其中年齡介於二十歲到三十五歲的收信人，回覆時間更是縮短到十六分鐘；三十五歲到五十歲的收件人會在二十四分鐘內回覆；至於五十歲以上的收件人，回覆時間大概會拖到四十七分鐘後。該項研究發表以後，現在我們回覆電子郵件的時間可說是越來越快，因為現在有更多人利用手機回信。

●**回覆「已收到信」的訊息，表達重視對方：**由於電子郵件這個管道的速度已經變快，你應該讓寄件人曉得你已經收到他們寄來的信，可是需要多花一點時間才能回覆。你可以發個簡短的訊息：「收到了！星期二以前回覆你。」這樣就不會讓對方痴痴的等（或是越來越焦慮）。

三、在傳遞內容上應注意：

●**利用主旨讓收件者在開信以前，大概就知道信件主軸：**信件沒有主旨形同浪費機會，有些年長的收件人甚至認為，這代表寄件人不尊重他們。**想一想：電子郵件行銷人員用什麼手法激起你點開他們的信？**答案是：搶眼的主旨，以此告訴你信件裡有打折、促銷、預告片、清單體文章（listicle）等好東西。在工作上，其實我們也都在行銷自己——既然如此，何不讓別人優先考慮你所提的要求呢？要達到這個目標，務必填上具體且行動導向的主旨。

（〇）路邊公司（Roadside Inc）專案報告最終版／十月四日下班前審查完畢

（╳）專案報告

●**直截了當：**內文不需要馬上重複主旨，但也別套交情、噓寒問暖，大部分談公事的電子郵件都不需要你詢問對方：「今天過得如何？」或是關心人家的小孩。請直接切入重點。

- **校對不只是檢查文法，還要保證清楚明確：**任何人都可能被電子郵件弄得一頭霧水。不要因為你寫信的對象是天天見面的同事，就以為對方能夠正確詮釋你的意圖（或是明白你的心思）。

試著避免難解的文字，且電子郵件寫完之後必須重讀一遍，問問你自己：「如果我不是我，也不知道我在想什麼，那麼看完這則訊息，會了解我在說什麼嗎？」這項技能並不容易養成，因此最好請求收件者或其他幫你校對的人，給你一點意見回饋。如果收件者的回覆並不是你想要的，請要求對方加以說明！

（○）我們刪除最後一頁，把總頁數減少到二十頁吧。

（╳）這份文件太長了。

四、專家祕訣：

- **少用「全部回覆」：**一般來說，只有一次性通知團隊某事，或是向全體成員宣布某事時，才需要用到這個功能。
- **去蕪存菁：**如果一條電子郵件鏈已經持續三、四輪，整個主旨欄只剩下一長串「Re:」（回覆）和「Fwd:」（轉寄），這時候你打算寄送的下一封電子郵件，應該換一個簡潔、行動導向的相關主旨。

●**避免引發緊張的主旨：**例如「請打電話給我」或「去執行長辦公室見他」，這樣的主旨並非我們指的「行動導向」。你當然可以把資訊寫得很簡短，可是也別忘了納入必要的前因後果。

●**內嵌連結：**如果你需要加入連結，請嵌入內文中，並強調相關字詞。至於內嵌連結功能，Outlook、Gmail、Yahoo! 奇摩電子信箱和大部分電子郵件程式都有提供。假如你的公司採用內部伺服器，你可以特別標示出文件位置，然後用同樣的方式將連結內嵌至內文。

五、何時應該轉至不同媒介？

●**務求簡潔：**超過五個句子的電子郵件，收件人通常只會匆匆略讀！所以如果碰到比較複雜的主題和任務，應該選擇通電話或開會，不然就是在電子郵件裡使用項目符號清單，以黑體字和斜體字標註，並且在結尾時突顯出行動要點。

●**交代來龍去脈：**想一想，除了電子郵件所能提供的內容之外，自己或其他人需要更多背景說明嗎？如果答案是肯定的，就應該安排面對面討論或電話會議。

◎簡訊和即時通訊。

（例子：簡訊、Skype、Slack、Google Chat 等。）

隨著工作場所一板一眼的正式氣氛慢慢轉淡，簡訊和即時訊息變得越來越普遍。此部分把這兩種短信形式合起來討論，因為兩者使用習慣大同小異。

一、在溝通對象上應注意：

● **本質隨興：**一般來說，這兩種管道的受眾應該是非正式的。簡訊和即時訊息經常使用簡寫、表情符號、誇張的標點符號，由此創造出來的語氣，在正式討論中並不恰當。於專業情境中，試著寫下完整句子（不過不是每個字都要一絲不苟的寫出來），用縮寫字也無妨。

二、在時間上應注意：

● **使用這些管道的宗旨是迅捷：**大多數情況下，寄件人期待收信人在一個小時內回覆，不過幾乎都在三分鐘以內收到回覆。如果你在會議中收到簡訊，無法立即回覆，最好讓對方知道你為什麼沒辦法回他們訊息。

● **創造界限：**這些管道的即時本質可能有誤導作用——人們經常在工作以外的時間使用簡訊和即時通訊，卻仍期待得到迅速回覆。建立界限絕對合理，但假如對方第一次這麼做，你可以回一則簡短訊息，告訴寄件人你要等到上班才會回覆。

三、在傳遞內容上應注意：

● **結構不用太完整比較好：**這兩種都是非正式管道，意味著沒有理由加入標題、正式問候語或署名。那些都太正式了。

（○）嘿，很高興聯繫上！只是想傳簡訊告訴你我的號碼。——艾芮卡

（╳）哈囉史蒂芬妮，我是艾芮卡。我們在二〇二〇年的世界領袖會議晚宴上碰過面。很高興聯繫上妳！這是我的電話號碼。祝福妳——艾芮卡

● **切入重點：**與電子郵件相比，簡訊和即時訊息更應該只用來傳達那些，不需要面對面對話或打電話的資訊。**簡訊最多只應該寫兩、三句話。**

（○）嘿艾芮卡，這週妳能和我討論一項新計畫嗎？星期二整天和星期四下午一點到五點間，找個時間講三十分鐘電話好嗎？

（╳）艾芮卡，妳最近好嗎？我正在我們辦公室進行一項關於合作的新計畫，然後我想到了妳，很想和妳聊聊。

● **慎選縮寫字：**只用大家耳熟能詳，而你也琅琅上口的縮寫。舉例來說，LMFAO（laughing my freaking ass off，笑死我了）大家都曉得，可是在專業情境中最好避免使用；

反之，NP（no problem，沒問題）既廣為人知，在工作上使用也很適宜。

（○）NP，再聊。

（╳）LMFAO！當然啊兄弟，cya（按：改天見，see you的諧音）。

四、專家祕訣：

- **創造常用詞語的標準縮寫表：**NNTR＝不必回覆（no need to respond），SOS＝緊急，*＝打錯字勘誤。
- **勿用簡訊和即時通訊傳送機密資料：**記住，即使是加密簡訊也能被截圖記錄下來。

五、何時應該轉換至不同媒介？

- 不要說一套做一套。如果你的簡訊或即時訊息明明寫：「嘿，你有一分鐘時間嗎？」卻又傳了一大段長如論文的文字來解釋你要求的東西，那你應該打電話或傳電子郵件給對方才對。
- 如果**事情夠緊急，在工作（早上七點到晚上七點）以外的時間傳簡訊就說得過去**，打電話可能也沒關係。如果沒有那麼緊急，表示可以晚點處理。
- 假如你**需要把對話記錄下來，就改用電子郵件。**

◎視訊會議和電話會議。

（例子：Webex、Zoom、Skype、Google Hangouts等。）

一、在溝通對象上應注意：

- **如有必要，須介紹與會者：**虛擬會議時，特別是在家遠距上線開會，感覺可能比到現場開會更私人（也更不自在）。務必在會議一開始介紹所有與會者的身分與職位，並騰出幾分鐘讓大家社交聊天。

二、在時間上應注意：

- **保持簡短才是關鍵：**我們大多數人都習慣面對面會議，一旦開會動輒一小時起跳。在那種三維空間環境裡頭，與會者將接收到完整刺激，較少因外界因素而分心，注意力也能比較持久。

反觀虛擬會議，就有更多分心和處理多件事項的空間，這時可以藉助規畫得宜的開會架構和計時器，來保持會議簡短。生產力高的虛擬會議有著事先決定好的時間框架，能夠限制每個成員提出構想的數目。

（〇）要求團隊在Zoom會議上帶來三項解決方案，且會議需要在六十分鐘內結束。

（╳）安排三個小時的Zoom會議，還忘記寄發議程供團隊預先準備。

三、在傳遞內容上應注意：

● **舉手：**視訊聊天有個好處，就是有用於舉手的內建機制（譬如Zoom的空白鍵，就能開啟舉手圖示）。這有助於防止電話常見的問題，像是壓過別人的聲音或打斷別人的話。如果你的軟體沒有舉手功能，不妨在旁邊的聊天框裡自建一個：指定一個符號（例如星號），讓有意發言的團隊成員提出請求（這需要仔細的協調和良好的引導）。還有，確保你沒有忽略任何人，並試著請那些喜歡保持沉默的成員發表意見。

● **要求所有與會者開啟鏡頭：**如果別人把鏡頭打開，那你也應該打開，這是原則。數位溝通奪走的肢體語言，可以靠鏡頭重建部分線索，同時讓團隊成員親眼盯著每一位與會者，看他們是否專心開會、有沒有在一旁滑手機。

● **務必指定會議主席或司儀：**有個固定的面孔和聲音在虛擬會議中「串場」，可以增加與會者非常需要的熟悉感，使遠距工作不再那麼疏離。有個很好的訣竅是請活動主席先替會議開場，接著按照議程進行，並在發言者突然私下交談時，協調提問與回答。

四、專家祕訣：

● **測試你用的科技：**如果你已經有一陣子沒有使用過 Zoom 或 Skype，請在預定開會時間之前打開軟體，測試影像和麥克風的品質。這麼做可以節省大家的時間，同時讓你跳過會議中常見的「你們有聽到我的聲音嗎？」那個橋段。

● **適當沉默：**只有兩種情況下，你才按下靜音鍵——防止回授噪音（按：聲音透過擴音設備放送後，又被收音設備接收，如此重複循環，最後產生極大的噪音），以及盡量減低呼吸、寫字、坐立不安的雜音打擾到旁人。不過要小心，如果你允許與會者按下靜音鍵，等於是許可他們分心做其他事情！

● **減慢速度：**練習「五秒鐘法則」，也就是在你詢問團隊一個問題之後，先等待五秒再講話。這段空白讓團隊可以消化你剛剛講的話，也填補了人人忙著思考的那幾秒鐘——思考著自己發言之前，有別人要先說話嗎？

五、何時應該轉換至不同媒介？

● **審核會議：**就像親自到場開會一樣，在你的行事曆上，清楚界定每一場數位會議的目的和預期成果，並消除欠缺明確目的、或是遺漏關鍵成功要素的項目。

【指南二】團隊練習：了解數位風格

Covid-19病毒大流行給了大多數人一段相當長的時間，知道自己的數位合作中，有什麼是有用的、又有什麼不管用。如果你的團隊還沒有一套共同的原則或規定，現在正是建立明確規範的好時機。

每一支團隊都應該先考慮成員的偏好、背景和特定職能。以下這些問題，能幫助團隊成員了解自己的數位肢體語言風格，然後與團隊一起分享。注意其中的相似處和差異處，有助於你建立起規範，避免潛在的問題。

◎我個人的數位肢體語言風格是什麼？

一、當別人要透過數位方式與我溝通，最佳管道是什麼？

二、我最討厭什麼數位肢體語言？

三、別人與我溝通時，我最重視的是什麼（如明確程度、責任歸屬、行動）？

四、我是數位調適者還是數位原住民？這項資料如何影響我對日常溝通的認知？

五、我的數位風格是否受到過去的工作文化或主管影響？這些影響在我的溝通中，又是如何顯現出來？

我見過別人最棒的數位肢體語言是什麼？依照類別把例子列出來。

● 電子郵件：

● 群組聊天：

● 會議：

再把我見過最糟的數位肢體語言列出來。

● 電子郵件：

● 群組聊天：

● 會議：

請團隊成員分享他們列出來的正反例子，這樣大家就都知道彼此的喜惡。

【指南三】著手打造全心全意的信任

為了塑造最為清楚、無疑慮的文化，下面的練習有助於奠定必要的基礎。以下這些提問分成四類：數位通訊、合作工具、團隊精神、會議文化，每一類都要考慮到四大守則。

◎數位通訊。

一、基礎內容：

● **清楚可見的重視：**放慢速度，校對你的通訊內容，把它當作要上臺發表的簡報。重新閱讀你所寫的文字，確認訊息中沒有錯字和令人困惑的用語。同時檢查文字是否明確，務求收件人清楚你期待什麼樣的回覆。

● **謹慎小心的溝通：**不要太過依賴簡寫，也不要傳送太籠統的訊息。如果你想要保持簡短，先讓團隊採納一套大家都同意的縮寫字，以提高數位通訊的效率和明確度。

例：WINFY（what I need from you）＝我需要你做的事；

NNTR（no need to respond）＝不必回覆；4H＝這個東西我四小時內需要。

● **信心十足的合作：**當你閱讀數位訊息時，要假設對方的出發點良善。記住，你感受不到別人的肢體語言和語氣線索，因此可能詮釋錯誤，把別人的直接或求快當作粗魯。

二、值得反省的問題：

1. 你的團隊最近發生過什麼數位通訊失誤？
2. 你的團隊成員裡頭，是數位調適者多、還是數位原住民多？抑或兩者差不多？這如何反映在你們的數位通訊中？
3. 想想上一次令你焦慮、困惑、生氣的團隊溝通，是出於什麼原因？你的感覺可靠嗎？還是誤會一場？
4. 團隊的數位通訊中，你每天遇到的最大障礙或煩惱是什麼？

◎合作工具。

一、基礎內容：

● **謹慎小心的溝通：**根據訊息長度、預期回覆時間、所傳遞資訊量，創造一套選擇溝通管道的準則，並且確保整個團隊能輕易運用這些指南，特別是新進員工。

例：透過數位方式討論敏感的客戶資訊時，我們只會使用公司的電子郵件帳號，不會利用簡訊、即時通訊或任何其他數位管道，互相分享這類資訊。

● **信心十足的合作：**針對每一種工具，設定恰當的預期時間表，包括回覆時間，以及是否容許在非工作時間使用特定工具。

例：請在二十四小時內回覆所有的工作電子郵件，假如逾時仍未收到回信，請以電話或簡訊聯絡收件人。

例：請勿在晚上八點到凌晨五點之間，發送有關工作任務的簡訊。善用你的判斷力，來決定一則訊息是否緊急到足以違反這項準則。

● **清楚可見的重視：**尋找幾位擅長使用每一種溝通管道的人員，他們能幫你創造指導原則和預期時間表，同時扮演溝通管道提倡人的角色，溫和的糾正那些使用失當的團隊成員。

二、值得反省的問題：

1. 你的團隊日常使用多少種合作工具？
2. 依你的看法，哪些合作工具有助於你個人順利發展？想一想潛在的原因（我們先前已經討論過許多），從熟悉度到你對正式語氣的好惡都有可能。
3. 也可以換個想法，你發現自己會迴避哪些合作工具？
4. 你的組織裡有人特別擅長運用特定的合作工具嗎？他們哪些做法是你沒有做到的？
5. 針對每一種工具的使用時機，你的團隊是否已經建立一套規範？

6. 你們團隊最常使用哪些管道？這對你們的團隊文化有何意義？

◎團隊精神。

一、基礎內容：

- **謹慎小心的溝通：**創造非正式對話的空間。允許開會之前的社交聊天，或是為這類超越工作任務的對話，專門設計群組訊息鏈。
- **全心全意的信任：**創造慶祝的空間。透過有趣的文章、播客（Podcast）或書籍等諸多形式，與團隊分享靈感。
- **清楚可見的重視：**鼓勵你的團隊表達讚美，譬如彼此打氣、開會頒發最有價值員工獎，或是票選「本週贏家」。你可以找到自己獨特的方法，為團隊的社交聯繫創造空間。其實，「怎麼做」沒那麼重要，重要的是你「真正去做」這件事。

二、值得反省的問題：

1. 你的團隊成員裡有「小圈圈」嗎？你要怎麼在這些小團體之間搭建橋梁，以形成更堅強的團隊凝聚力？
2. 團隊裡有沒有哪個成員的聲音總是最大？這個人是助力還是麻煩？你可以用什麼辦

法讓別的聲音也加進來？

3. 團隊裡有沒有哪個成員總是默不作聲？你要怎麼鼓勵那個人加入？

4. 你的團隊如何處理衝突？有沒有過度的消極對抗行為？你從本書學到的哪些祕訣，可以幫助你剷除不良行為或負面的團隊動能？

◎會議文化。

一、基礎內容：

- **謹慎小心的溝通：**每一場會議都應該用五個P來分析：

1. Purpose（目的）：會議是否有明確清楚的目的？
2. Participant（與會者）：所有相關人員（也僅限相關人員）都受到邀請，而且全都能參加嗎？
3. Probable issue（可能的議題）：會議中有哪些關切事項可能被提出來？
4. Product（成果）：會議結束時，我們想要得到什麼成果？
5. Process（過程）：基於想要得到的成果和可能面對的議題，我們為了達成目標，應該在會議中採取哪些步驟？

●**清楚可見的重視：**定期審核常態性會議，不妨每隔一、兩次會議就問問自己，這些會議有沒有必要繼續召開？所有適當的相關人士是不是都出席了？下一場會議可以如何改善？

●**謹慎小心的溝通：**務必指派團隊中的某人，負責在會議之後發送紀錄和執行項目。

●**信心十足的合作：**會議一開始，先花五分鐘說說與工作任務無關的話題，與會者可以利用這個機會問候彼此，聊聊他們的目標，或是討論有沒有需要幫忙的地方。

●**全心全意的信任：**領導人可以採取一些方法，促使比較少出聲的人在會議上有所貢獻。這些方法包括輪流擔任主持人、提問、透過不同媒介引導成員提出意見。

二、值得反省的問題：

1. 想一想你最近的會議，問問自己前述五個P的問題，有任何一個的答案是否定的嗎？
2. 在最近舉行的那次會議上，你感覺自己的意見有沒有被傾聽、自己是否受到尊重？
3. 承上，如果沒有，找出你覺得被忽略或不被尊重的明確時間點。這些情況能歸咎於溝通不良嗎？你有沒有假設其他人的出發點良善？是否需要選擇不同平臺來發言？
4. 你的會議時程通常是怎麼安排的？同事之間自己討論，還是靠助理安排？你會和別人討論開會的需求嗎？還是逕行發送開會通知，沒有解釋來龍去脈？
5. 怎麼改變時程安排流程，以確保全員曉得開會原因，也了解所選時間對大家最有利？

【指南四】「全然信任」測驗

這個團體練習是個很好的起點，來找出團隊在會議、異地開會、員工度假時的優劣勢。根據你個人在工作文化中會採取的回應方式，回答以下問題。

一、你收到行事曆提醒，會議將在一小時之後開始。你……

（A）很清楚自己為何受邀參加，也了解這次會議的議程，且很樂意參加。

（B）不太確定自己為何受邀參加。

（C）很疑惑自己為何仍在會議邀請名單上。你打算翹掉不去，不然就到最後一分鐘再取消赴會。

二、在典型的會議中，與會者……

（A）全都公平的貢獻意見，遵守議程，並根據自己的專門知識領域分享資訊。

（B）沒有特別想參與，也沒有特別不想參與，如果有議程也會遵守。平常聲音就大的人占據最多時間，他們的點子都不錯。主管或團隊帶隊者（譯按：原文是team lead，而不是team leader，偏向短期任務指派型態，而非團隊的長期領導人）掌握了整場會議。

（C）分心做別的事，檢查電子郵件或回簡訊。沒有人遵守議程，或是打從一開始就沒有明文議程。平常聲音大的那些人，會在別人發言時強硬插嘴。會議氣氛緊張。

三、當你的主管或團隊帶隊者規定截止期限時，他們會……

（A）請團隊全員提供意見，藉此考慮整體工作負擔和可能造成延誤的外在力量，再訂定切合實際的截止期限。

（B）自行決定截止期限，或根據客戶的需求（或其他外在力量）來決定，並在派發工作任務時，將期限一併交代下去。截止期限通常還算實際，但有時候會太趕。這對你來說無所謂，誰叫你也無法真正控制客戶或供應商。

（C）訂個完全沒道理也不切實際的期限，例如要求必須在一夜之間完成需要幾天才能做好的工作。你因此感到挫折，也覺得工作負擔太重。

四、你因為私事影響而難以專心，所以你……

（A）讓團隊帶隊者或主管知道發生了什麼事。你明白如果自己的工作量需要調整，他們會支持你、體諒你。

（B）找一個信得過的同事商量，對其他人則保密。你盡量完成所有的工作，努力撐下去。此外，你可能必須把本週一場重要的會議延後。

（C）不告訴任何人，也不改變工作量或工作時程。

五、你被指派進行一項專案計畫，可是沒有把握自己的專業知識足以勝任，所以……

（A）你婉拒這項專案，或請求指派一位更具專業知識的同事與你合作。

（B）你沒有向整個團隊表露擔憂，可是你曉得去哪裡尋找完成任務所需的資源。如果有一位可靠的同事騰得出時間，你可能會拜託他協助你。

（C）你就算不知道怎麼尋找完成任務所需的資源，也不會向團隊表露擔憂。最後你著手做很多研究，每星期的工作時間高達六十個小時。

六、你的團隊帶隊者會不會分享回饋意見？

（A）經常。每次會議都有表揚儀式，還有針對個別專案計畫的定期回饋，這兩者既有用又具體。當他們約見你、準備告訴你回饋意見時，你並不覺得害怕。你有一套訂好時程的定期評估制度，使你掌握了可行的改進訣竅，進而覺得自己準備充足。

（B）偶爾。他們只有在大型專案計畫結束時，才會提供回饋。當他們約見你、準備告訴你回饋意見時，即使你知道自己沒做錯任何事，還是會憂心忡忡。雖然有定期評估制度，但很少派上用場。

（C）幾乎從來沒有。只有事情出錯，你才會真正聽到回饋意見。如果他們要求和你當面討論，你就會備感焦慮。

七、你的組織如何進行評估？

（A）全方位回饋。團隊中人人有機會聽到來自所有層級的意見。領導人和高階主管得到部屬給的回饋意見，同儕之間也會互相給予回饋。

（B）上下回饋。團隊帶隊者從部屬那裡得到回饋意見，部屬亦得到團隊帶隊者的回饋，但組織並不鼓勵同儕彼此分享回饋意見。

（C）單向回饋。團隊帶隊者給予部屬回饋意見，但本身接收不到任何回饋，組織也不鼓勵同儕彼此分享回饋意見。

八、說到選擇溝通管道，你的團隊……

（A）有一套明確的規範，載明訊息長度、預期回覆時間、所傳遞資訊量。你永遠不必懷疑該使用哪個管道溝通，也不會因為別人用錯了管道而生氣。

（B）沒有一套明確的規範，但也沒有太多困惑。通常你不會擔心用錯管道，可是有時候會因為接到莫名其妙的來電、令人困惑或意義不明的電子郵件，還有不恰當的簡訊和即時訊息，而覺得惱怒。

（C）一團糟。你們沒有任何規範，經常感到困惑。傳出去的訊息也經常遺失，或是得不到回覆。

九、重要簡報發表前夕，你的夥伴還沒把他們該準備的投影片加入簡報。你……

（A）不太擔心。你確信他們一定會做好，不過為求保險起見，你還是傳了一封簡訊：「嘿，只是問一下進度如何！我的投影片已經都做好了，就等著和你們的整合在一起。好興奮啊，就是明天了！」

（B）有點擔心，怕他們搞錯日期，甚至忘了這回事。你傳簡訊給他們：「嘿，你們大概什麼時候可以把投影片做完？我只是想在明天發表簡報之前，整個再檢查一遍……。」

（C）感到驚慌失措。你知道他們很可能已經忘了，不然就是指望你會自己動手做。你打電話給他們，卻沒有人接，所以你只好自己做了。

十、你在什麼時候，會覺得自己是團隊有價值的一部分？

（A）一直都覺得。你經常被要求做出貢獻，且在分享意見和提出建議時，感到輕鬆自在。團隊成員和領導人經常稱讚你的貢獻。

（B）當你的專業知識領域表現突出時。你對自己的意見不是百分之百肯定的時候，會試著保持沉默，但只要你開口表達意見，團隊都會誇獎你的好點子。

（C）幾乎從不這樣覺得。你盡可能不開口，勉強完成任務。你很少因為工作而得到團隊其他成員的認可。

如果你的答案大多是A——恭喜，你和整個團隊已經很接近團結一致了！建議把努力的焦點，放在上述問題所找到的落差上。

如果你的答案大部分是B——你的團隊還不錯，可是你個人還可以再進步。建議把努力的焦點，放在指南一「數位肢體語言該注意什麼？」提出的事項上。

如果你的答案大多是C——你的團隊需要很多幫助。建議直接跳到指南三「著手打造全心全意的信任」，從那裡開始努力。

接下來，檢視每個團隊成員的答案。你很快就會發現，團隊成員對於訊息明確與否的體驗差異極大。團隊領導人的得分往往比同儕更高，某些小組的得分也會超過其他小組。將特別高或特別低的個人得分找出來，並討論為何會有這種現象。

【指南五】四種數位肢體語言，你屬於哪一種？

這個獲取回饋意見的方法既有趣、迅速，又出奇有效，有助於你評估自己發送的數位肢體語言訊號——有些訊號連你都沒意識到。以下描述四個代表人物，問問你的同事，哪一個和你最像？是艾莉絲、貝蒂、查理，還是大衛？

一、艾莉絲。

艾莉絲寄送的電子郵件簡短且切中要點，但她總是花很多時間琢磨具體、有用的郵件主旨，也會校對自己寫的電子郵件，以確保意義明確。她可能會加上一句問候語，例如：「祝你今天愉快！」或「若我能幫上更多忙，請告訴我。」艾莉絲寫簡訊和即時訊息時，會用表情符號補充意思、而非取代文字，通常她會在訊息末尾加一個笑臉😊或比讚👍以增添一些情緒。

一般來說，艾莉絲收到電子郵件之後，會在兩、三個小時內回信；如果是簡訊，她多半幾分鐘內回覆；若是收到行事曆要求，幾乎立刻就回覆。假如她知道自己要晚點才能回訊息，一定會告知對方。在團隊溝通上，艾莉絲遵守所有溝通指南的規範，注意訊息長度、複雜度、熟悉度等要素。

二、貝蒂。

貝蒂的電子郵件總是彬彬有禮，即使她心裡對某件事有意見，你也永遠不會知道。她最常用的表情符號是🙃。至於回覆時間，要看寄件人是誰而定。如果是頂頭上司，她會立刻回覆；如果是不喜歡的人，她會拖到期限將屆才回信（但也不會做得太過分）。

三、查理。

查理寄的電子郵件從來不超過五句，就像簡訊那樣。你和查理大多用這種簡短的電子郵件你來我往。他也熱愛表情符號，因為一張簡單的圖像，遠比打一整個句子容易多了，而且換表情符號也比改字句來得輕鬆。為了追求速度，查理很樂意忽略零星的錯字。

四、大衛。

大衛寄的電子郵件很冗長，裡面塞滿了細節，所以收件人完全不需要再寫信或打電話追問不清楚的地方。有時他的電子郵件寫了好幾段，同時包含項目符號清單、網頁連結和附件——只要有需要，就全部弄上去。大衛在工作上從不使用表情符號，因為他覺得那樣不專業（而且說實話，他根本搞不懂其中一些符號的意思）。每次按下傳送鍵之前，他總是再三檢查自己寫的訊息。

如果你比較像艾莉絲——做得好，你的溝通基礎很牢靠。你會如何運用這份溝通基礎，來推進自己的事業呢？

如果你比較像貝蒂——根據工作環境不同，你的溝通可能顯得像消極對抗，或是令人困惑。你該針對以下祕訣來努力。

- **清楚可見的重視**：記得用簡簡單單的「謝謝」表達感激，或是在別人出色的完成工作時稱讚他們。
- **謹慎小心的溝通**：避免在你生氣或沮喪的時候寄送訊息。
- **信心十足的合作**：你需要什麼、你感覺如何，都要直接表示出來。

如果你比較像查理——你可能為了速度和效率，而犧牲掉訊息的明確程度，應該針對以下祕訣來努力。

- **謹慎小心的溝通**：放慢速度，問問自己：我的訊息有沒有明確指出收件人需要做什麼？為什麼需要這麼做？截止期限是什麼時候？
- **信心十足的合作**：避免簡短和會引發焦慮的訊息，例如「我們需要談談」或「那可能有用」。

如果你比較像大衛——你可能傳送太過複雜的訊息，也因此不夠明確。試試看以下這些祕訣。

- **謹慎小心的溝通：**檢討一下，什麼時候轉換媒介比較好。不過別忘了，複雜程度也是選擇溝通管道時要考慮的一項因素。
- **信心十足的合作：**要對講電話和視訊通話感到自在！有時我們有太多話要說，而講電話和視訊通話時所使用的字詞，因為有語氣輔助，所以對方更容易明瞭我們的意思；真的碰到問題時，我們也比較容易提問。

結語
外向不再是優勢，內向者也可展現自己

當我坐下來寫這本書時，心裡知道數位肢體語言十分重要。怎麼可能不重要呢？現今我們分享與表達的資訊，絕大多數屬於虛擬形式。不過我還是堅持把數位肢體語言想成一種補充，只是用來補足日常的傳統肢體語言。但我錯了，實際的肢體語言和數位肢體語言密不可分。事實上，**數位肢體語言正在重新塑造實際肢體語言和言詞溝通，甚至重新塑造我們的思考方式。**

你有多少次發現自己身處這個情境：

一群工作同仁坐下來吃飯，他們一邊發笑，一邊分享彼此的故事，然後其中一個人的電話鈴聲響了。他說：「等等喔，我只是回個簡訊。」（這聽起來和酒鬼的抗議差不多：「我只是喝個一杯」，確認手機時總是會用「只是……」起頭，「只是回個簡訊」、「只是接通電話」、「只是檢查氣象預報」、「只是搜尋這首歌叫什麼」。）等到那個人回覆六則簡訊之後，一桌子的人都不講話了，因為大家覺得既然如此，那麼把自己的手機拿出來也沒關係。

我有個朋友把手機叫做「驚奇殺手」(the wonder killers)。的確，用手機查找一些隨機問題的答案固然方便，可是為了這個，我們同時損失了無可估算的歡樂。

這種集體成癮不僅影響工作文化，也讓人與人之間產生裂痕。某零售公司經理大衛描述他和同事朱迪絲(Judith)開會的情況：「每次我和朱迪絲開會，她都一直打斷我們的對話，去接別人的來電，或是去回簡訊，有時開一次會竟然要暫停四、五次。」大衛還說：「這實在很令人沮喪，尤其是她覺得這樣做根本沒問題。她的行為顯得很不尊重我，讓我感覺我們兩人的對話不太重要，也沒有意義。」

不論上班還是在家，不論線上還是線下，電話已經改變人們眼神接觸的方式。有時候，我們發現自己根據主題標籤或列點項目在思考；而且我們不耐煩的程度大幅上升，總是期待別人趕快講重點。這些轉變在工作場所最為明顯。

儘管數位生活的這些缺點都是真的，但也有比較正面的東西來平衡一些。如今，數位工具有助於跨越內向及外向溝通風格之間的落差；舉例來說，**數位工具不但讓外向的人容易與社會連結，也解救了內向的人，讓他們不必忍受外向者主導的冗長會議**。依賴數位科技的工作場所讓多數人得以展現自己，給我們機會發揮潛力，這是我們以前從來沒想像到的。

未來就算是最保守、最悠久的領域和企業，也必須透過數位方式重新打造自己，從這點來看，數位溝通的確是好事。

我和家人因為Covid-19爆發而在家隔離，期間我完成了這本書。隨著世界因病毒肆虐而封鎖，很多人開始第一次在家遠距工作，企業很快就適應了Zoom、Webex、FaceTime之類的視訊會議軟體——噢，還有電話。

其實情況並不壞，不但主持Slack聊天或Zoom虛擬歡樂時光的人數激增，我們也變得很擅長用電子郵件分享、追蹤工作。**對每一個能夠進入數位領域的組織來說，為了確保清楚程度、速度和效率，掌握共同的數位肢體語言比以往更重要。**

在我寫這本書的期間，還有另一件事改變了……我寫書的初衷，是幫助人們減輕工作上疑惑與痛苦的普遍來源，然而寫著寫著，我學到一件事——了解數位肢體語言的細微差異並不只是解決問題，也開啟更深層、更良好的方式，讓所有人彼此連結，促進包容與歸屬感。這一點對企業中每個人都有好處，不論是高階主管、中階主管或團隊成員都一樣，因為這樣創造出來的環境，讓每個人能夠提出最棒的點子，綻放最亮的光芒。

今日我們可以接觸到的多元觀點，比從前廣泛得多。數位肢體語言減少摩擦、限制官僚習氣，並創造了一種清楚明白的普世通用語言。因此，我們在低階資訊上浪費的時間更少，取而代之的，是花更多時間在重要的事物上。數位肢體語言如果運用得當，亦可弭平性別、世代、文化之間的差異。研究顯示，**管理良好的虛擬團隊雖然從來沒有真正見過面，績**

效卻能打敗在真實世界同一地上班的團隊，因為他們善加利用更廣泛的資源、見解、經驗與觀點。透過建立明確的數位肢體語言標準，現今管理者無異於擁有關鍵的工具，幫助他們在未來打造更加成功的團隊。

我希望本書可以幫助你跨越二十一世紀團隊之間最常見的差異。當你更深入了解數位肢體語言，不但有助於在現代工作場所成功，且能建立更強大的信任、連結和真實性——讓溝通更有效、關係更緊密，徹底改變我們領導、喜愛、交流和生活的方式。

謝辭

本書得以誕生，是因為有很多很棒的人幫忙。我的文學指導兼經紀人吉姆．萊文（Jim Levine）從頭到尾陪伴我走完這趟旅程。我深深感謝聖馬汀出版社（St. Martin's Press）這幾位出版強人：提姆．巴特勒（Tim Bartlett）、艾莉絲．菲佛（Alice Pfeifer）、勞拉．克拉克（Laura Clark）、瑞貝卡．朗（Rebecca Lang）、丹妮爾．普瑞雷波（Danielle Prielepp）、艾倫．布萊蕭（Alan Bradshaw），以及整個麥米倫（Macmillan）出版家族。

謝謝妳，艾比．薩利納（Abby Salinas），妳既是我的共同作者，還是我的摯友。彼得．史密斯與莉莉．史密斯（Peter and Lily Smith），謝謝你們幫我發想這本書，並協助此書順利出版。謝謝你，歐密德．拉梅什尼（Omeed Rameshni），多年來你一直是我值得信賴的顧問。

我還要向丈夫拉赫爾致意——你是我最好的朋友、靈魂伴侶，也是我永遠的知己。感謝我的父母拉姆（Ram）與妮蘭（Neelam），他們教導我恆毅力（grit）、同理心、慷慨的重要性。還要謝謝我的哥哥尼爾（Neil）和姐姐達潘，他們在各自的領域表現優越，鼓舞我以他們為榜樣。

特別謝謝多位與我關係密切的顧問與支持者：羅伯・柏克（Rob Berk）、愛斯・比爾塞勒（Ayse Birsel）、雪莉・布林德（Shelley Brindle）、艾琳・布利特（Irene Britt）、比爾・卡里爾和茱莉・卡里爾（Bill and Julie Carrier）、梅格・卡西迪（Meg Cassidy）、艾麗莎・柯恩（Alisa Cohn）、琳・考夫林（Lin Coughlin）、多利・克拉克（Dorie Clark）、萊恩・科恩（Laine Cohen）、艾黛特・康特雷拉斯（Adette Contreras）、馬克・弗提埃（Mark Fortier）、馬歇爾・戈德史密斯（Marshall Goldsmith）、帕翠夏・戈頓（Patricia Gorton）、亞曼達・休伊（Amanda Hughey）、莉亞・詹森、莫・卡斯提（Mo Kasti）、凱莉・科彭（Carrie Kerpen）、蘭迪・科赫曼（Randi Kochman）、史蒂芬妮・蘭德（Stephanie Land）、艾力克斯・拉普申（Alex Lapshin）、艾薇・林（Ivy Lin）、艾蜜莉・米爾斯（Emily Mills）、威爾・莫雷爾（Will Morel）、史考特・奧斯曼（Scott Osman）、麥可・帕爾貢（Michael Palgon）、喬丹・波普（Jordan Pople）、狄妮尼・羅德尼、拉耶夫・羅南基（Rajeev Ronanki）、布萊德・席勒（Brad Schiller）、莉莎・聖安德烈亞（Lisa Santandrea）、麗莎・沙萊特、金・夏蘭（Kim Sharan）、丹・肖貝爾（Dan Schawbel）、梅莎・修納爾（Maesha Shonar）、達西・韋爾洪（Darcy Verhun）、萊絲莉・賽琪斯（Leslie Zaikis）。

本書於Covid-19病毒大流行期間完成。我們值得花一點時間思考，在這個前所未有的時刻，人們做的比預期的更多、比必須做的更多，也比大家所能想像的更多。我衷心感謝醫護人員在如此艱困的情況下依然堅守崗位，冒著極大危險，幫助整個社會。感謝我在Zoom上面認識和介紹的每一個人。

我受到Cotential公司（按：作者為該公司的創辦人兼執行長）團隊的鼓舞，以遠距工作的方式完成客戶委託的重要計畫，也連結上我們這個絕妙圈子裡的成千上萬個成員。

我還要謝謝各位忠實讀者，因為你們眼光長遠，願意領導與散播數位肢體語言的技能，並且用你們自豪的方式展現自我、與他人連結。你們是我的英雄。

Think 225

數位肢體語言讀心術

當「字面意思」變成「我不是那個意思」……
你必須讀懂螢幕圖文、數位語言背後的真實意思。

作　　者／艾芮卡・達旺（Erica Dhawan）
譯　　者／李宛蓉
責任編輯／張慈婷
校對編輯／李芊芊
美術編輯／林彥君
副總編輯／顏惠君
總 編 輯／吳依瑋
發 行 人／徐仲秋
會　　計／許鳳雪
版權經理／郝麗珍
行銷企劃／徐千晴
業務助理／李秀蕙
業務專員／馬絮盈、留婉茹
業務經理／林裕安
總 經 理／陳絜吾

國家圖書館出版品預行編目（CIP）資料

數位肢體語言讀心術：當「字面意思」變成「我不是那個意思」……你必須讀懂螢幕圖文、數位語言背後的真實意思。／艾芮卡・達旺（Erica Dhawan）著；李宛蓉譯. --初版.--臺北市：大是文化有限公司，2021.12
352面；17 × 23公分.--（Think；225）
譯自：Digital Body Language: How to Build Trust and Connection, No Matter the Distance
ISBN　978-626-7041-28-4（平裝）

1. 企業領導　2. 組織傳播　3. 人際溝通　4. 肢體語言

494　　110016730

出 版 者／大是文化有限公司
臺北市 100 衡陽路7號8樓
編輯部電話：（02）23757911
購書相關諮詢請洽：（02）23757911 分機122
24小時讀者服務傳真：（02）23756999
讀者服務E-mail：haom@ms28.hinet.net
郵政劃撥帳號／19983366　戶名／大是文化有限公司

法律顧問／永然聯合法律事務所
香港發行／豐達出版發行有限公司 Rich Publishing & Distribution Ltd
地址：香港柴灣永泰道70號柴灣工業城第2期1805室
Unit 1805, Ph.2, Chai Wan Ind City, 70 Wing Tai Rd, Chai Wan, Hong Kong
電話：21726513　傳真：21724355
E-mail：cary@subseasy.com.hk

封面設計／林雯瑛　內頁排版／江慧雯
印　　刷／鴻霖印刷傳媒股份有限公司

出版日期／2021年12月　初版
定　　價／新臺幣399元（缺頁或裝訂錯誤的書，請寄回更換）
I S B N／978-626-7041-28-4
電子書ISBN／9786267041260（PDF）
9786267041277（EPUB）